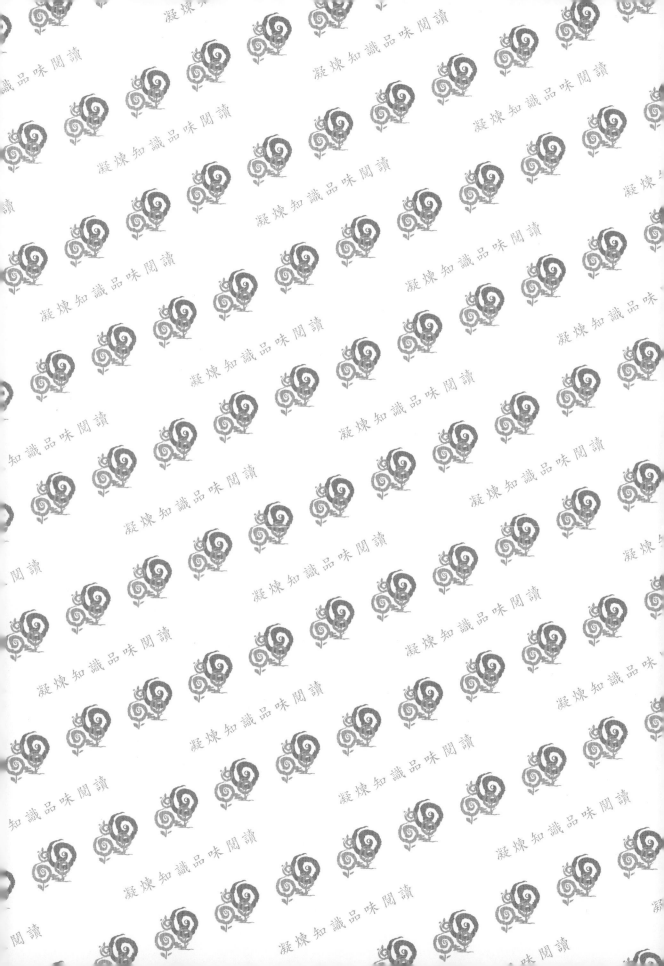

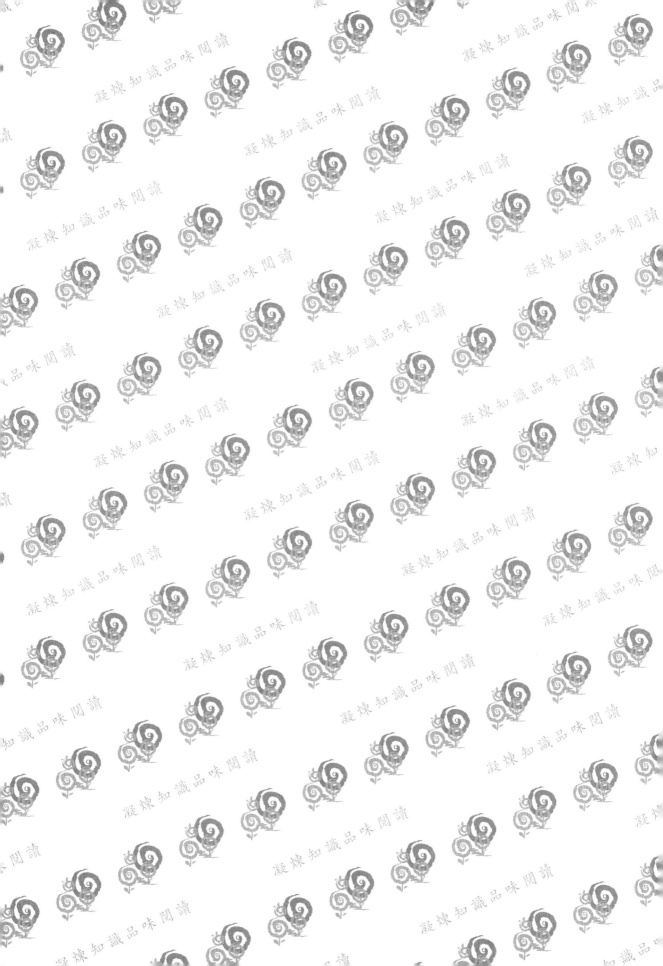

成本與管理會計

Cost Accounting:
A Managerial Emphasis

—— 第四版 ——

馬嘉應、馬裕豐——著

五南圖書出版公司 印行

自　序

　　在競爭激烈的經營環境下，管理當局除了作好本身的內部控制外，更要有制定正確決策的能力，以使企業價值達到最大，故「成本與管理會計學」就成為經營者與會計人員欲達到該等目標，所必須具備的知識與技術。

　　另隨著數位時代發展，人工智慧與資訊科技不斷地創新，如何將成本管理之各技術加以整合，而不至於形成許多各自獨立的制度，已是刻不容緩，加以近年來，環境、永續與公司治理（ESG）等議題也備受重視，相關規範與實施辦法已陸續推出中。上述這些發展與改變，讓經營者與會計人員面臨了很多的挑戰，但也帶來了許多經營與專業上的機會。

　　由於「成本與管理會計學」並不受一般公認會計原則所限制，有人稱其為「運用之妙，存乎一心」之活用學科；縱使不易掌握其中的重點與運用，惟本書仍試著以有系統的方式介紹「成本與管理會計學」的每一章節，期使讀者能夠融會貫通，並且瞭解此一門學問的精神所在。

　　本書主要是以淺顯易懂的說明與案例來解釋相關的內容，本書共有十五章，結合了成本與管理會計的基本觀念，分批、分步成本制度，聯產品、服務部門的成本分攤，在標準成本制度之下作差異分析，至最後管理當局所作的預算與定價策略及一些決策的分析都有詳加探討。每一章後面都有附相關的習題與解答，可以供練習，加深對課文的印象，相信對讀者會有相當的助益。但在作題目之前，要先將基本觀念釐清，對於千變萬化的題型才能夠迎刃而解、笑傲考場。

　　本書之作，雖殫精極思解說「成本與管理會計學」的精華所在，並且詳加分析其中的微妙之處，充分展現此一學門的全貌，期能提供給讀者完整的概念，並在經營決策上有所助益，但仍恐能力有限，疏誤難免，敬請各方賢達不吝指正。

民國 112 年 4 月

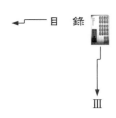
目　錄

第一章

基本概念

第一節

成本與管理會計的意義和功能

● 一、成本與管理會計的意義

　　企業為了要達成其效益極大化而要付出的代價即是成本的概念，以往成本會計較著重於成本的計算，忽略管理當局決策所需的資訊。由於經濟快速變遷，與全球化經營之布局，現今成本會計除精確地成本的計算、具競爭力的價格之制定外，更可使組織達到規劃與內部控制管理的目的，並兼顧企業內部與外部之會計資訊使用者，因此成本會計結合了財務會計與管理會計形成了一套完整的系統。

● 二、成本與管理會計的功能

(一)內部使用者

　　成本與管理會計可以幫助管理階層在於企業的決策、規劃、控制、考核方面有所助益。所謂的規劃是指為達成組織目標估算所需資源的活動；控制是管理階層為了使採行的活動與組織目標一致所必須行使的手段；而考核是指管理階層在經規劃、控制之後所採行的活動，比較實際和預期的結果所做的評估；在經上述三者的行動之後才決定企業所要採行的決策為何，以達到內部管理者的功效。

(二)外部使用者

　　提供會計報告給不直接參與經營之企業外部者，如與企業有利害關係的投資人、債權人、稅務機關等相關人士，作為投資、理財及公共政策等決策之用，此為對外部使用者的功能所在。

第二節

成本的介紹

在現今多變的環境下，企業競爭日益激烈，管理當局為了要制定更精確的政策，必須有效控制成本。茲就不同的成本分類方式說明如下。

● 一、製造與非製造成本

(一)製造成本

在製造過程所發生的成本稱為製造成本，包含直接材料、直接人工和製造費用。直接材料為歸屬於某項製成品所發生之材料，即與產品製造相關、形成產品的本質且可直接歸屬至產品的成本。假設工廠欲製造生產桌子作為其產品，則在桌子的生產過程中，直接材料為木材；直接人工為與產品製造相關，用於生產某項產品所發生的人工成本，即可歸屬至成本標的所發生的人工成本。前述在生產桌子過程中有工廠的組裝人員，這些人員必須發給他們薪資，生產工作人員薪資即為直接人工成本；在生產的過程中所發生的製造成本中不屬直接材料及直接人工所發生成本皆屬製造費用（含間接材料、間接人工及其他製造費用）。桌子在生產過程中除了直接材料木材外，必須要有相關的釘子、接著劑來將彼此木料相黏接，這些包含於物料之中，較難歸屬於產品的部分材料成本如釘子及接著劑即為間接材料。間接人工與製造過程並無直接相關，但會發生之人工成本，如工廠的管理階層並不直接參與桌子的組裝與製造，因此管理階層薪資視為間接人工；其他製造費用則為除製造費用內間接材料及人工外所發生其他製造費用如折舊、租金、保險等。

上述製造成本的部分，直接材料加直接人工可稱為主要成本；而直接人工加製造費用則為加工成本，包括直接材料以外的所有製造成本。

（二）非製造成本

意指銷售、管理、財務等因應營運所發生的成本，其實就是營業費用，例如廣告費、銷售佣金及法律費用等。

● 二、產品與期間成本

（一）產品成本

產品成本與期間成本最大差異在於是否可進行盤點而得之成本，凡是可盤成本為產品成本。在前段所述製造成本皆為產品成本，因為工廠所製產品在未售出之前為公司的產品存貨，這些存貨在年底可由倉管或會計師事務所查核人員進行盤點或抽盤；當存貨賣出時會轉入銷貨成本中，這時就屬於財務會計之範疇，可以考慮買賣雙方是屬起運點或目的地交貨，進而影響到收入認列時點。關於此部分，請參考財務會計收入認列之章節。

（二）期間成本

在上段中不可盤成本則為期間成本，當考量完製造成本為產品成本後，那麼非製造成本則為期間成本，這方面的成本通常是採分攤的方式於銷貨期間進行費用攤銷。

● 三、直接成本與間接成本

直接成本與間接成本的區分在於判斷是否可直接歸屬於成本標的。何謂歸屬至成本標的？歸屬至成本標的即是將成本是否歸於某產品、地區或部門來判斷。可直接歸屬於成本標的的成本稱直接成本，我們現在仍用一開始的製造成本與非製造成本來說明，製造與非製造成本共包含了直接材料、直接人工、製造費用（間接材料、間接人工及其他製造費用）以及營業費用（銷管費用等），如何區分為直接與間接成本？直接材料、直接人工或營業費用如廣告費等可歸

屬至特定地區（每一區皆不同），屬於直接成本；但今天廣告費若是全國性的而不會區分地區，這時就屬於間接成本。間接成本為不能直接歸屬於成本標的成本，必須要用合理且適當的分攤方式使成本分攤至各種產品中，如折舊和水電費等皆是，所以製造費用通常為間接成本，而非製造成本。營業費用則視情況而不同，可能是直接或間接成本。

● 四、生產與服務部門成本

從事生產的部門所發生的成本如製造部、裝配部皆屬生產部門成本。不直接從事生產的部門而提供服務至其他部門，使其他部門受益所發生的成本如驗收部門成本，則為服務部門成本。因為服務部門成本會使他部門受益，所以必須進行服務部門的成本分攤，將成本分攤至生產部門裡，如此一來，工廠才能精確算出產品真正的生產成本，進而精確計算出產品的售價（如採成本加乘法等）。關於服務部門成本分攤在第五章有詳盡的介紹。

● 五、固定、變動與半變動成本

若依成本習性來分類，可區分為固定、變動與半變動成本。固定成本為在攸關範圍內，不論作業量的增減，其總額永遠保持不變的成本，如租金費用。

成本總額隨著作業量增減而變動的成本，稱為變動成本，如直接材料、直接人工和間接製造費用。半變動成本是同時具有固定和變動性質的成本，亦稱為混合成本，這類成本有些是為了營運須有最低的成本水準，此時為固定成本，超過此水準，成本會隨業務量的增加而呈現變動的情形。我們在成本與管理會計的範疇裡區分固定與變動成本是非常重要的，因為在實務上常常會計算損益兩平點。另外，管理當局進行報表編製（如採全部成本法或變動成本法）過程裡，對於區分固定成本或是變動成本也是非常重要的一個環節。

● 六、其他類型的成本

與產品有關的其他類型成本，將在以下單元中會再陸續介紹。

第三節

財務會計、管理會計與成本會計之關係

一般來說，財務會計、管理會計與成本會計之間有著很大的不同，雖然它們都是以認定、評估、記錄、分析等方法來表達企業的經營活動，但由於使用者及其目的而以不同的會計資訊系統來加以衡量。

財務會計的資訊使用者主要為外部人士，例如：投資人、分析師、債權人、政府機關、供應商或顧客等。由於不同公司或不同期間的報表必須具有可比較性，所以在編製方面就有一致性原則的要求，而此原則即為「一般公認會計原則」，如收入費用之認定、各科目之分類限制等。而資訊品質方面，財務會計是以企業整體為報導標的，並且多以歷史成本加以衡量，所以較具有客觀性，但相對就不夠攸關。雖然規定每年須最少編製一次財務報告，但在時效上仍無法提供及時的資訊。

成本會計的主要目的在協助管理階層做好規劃、控制及決策的工作，所以其資訊使用者主要為企業內部的管理階層。由於報導的個體並不侷限於企業整體，而是視決策的標的而定，有可能是某一地區、部門、產品，甚至是某一設備的汰舊與換新等。因此，為了不同的目的所提供的報表，其編製原則可以依照公司之需求而定。而衡量的標準則不一定以貨幣性單位或歷史成本為主，為了能及時掌握相關資訊，成本會計往往會以不特定的形式與內容來使資訊更有彈性，其中當然也包括了一些較為主觀的預測與分析，以符合未來導向的管理需求。

成本會計則介於財務會計與管理會計之間，它是管理會計的一部分，管理會計所做的決策必須以成本會計的資料為考量，例如：成本的分攤、各活動間的成本差異、責任歸屬與定價策略等。成本會計的某些範疇亦為財務會計之一

環,例如:成本的記錄、存貨及銷貨成本的決定等。其實成本會計的工作即為成本的記錄、累積及其他量化資訊的衡量,然而卻依使用者的不同目的而分為財務會計與管理會計,所以成本會計的資訊使用者包括外部與內部人士,雖然內容以成本資料為主,但重心卻是產生與利用資料兩者並重。

茲將財務會計與成本會計之相異處列表比較如下。

表 1-1　財務會計與成本會計之比較表

	財務會計	成本會計
1. 資訊使用者	外部人士	內部人士
2. 目的	資產評價與損益衡量	規劃、控制及決策
3. 報告編製	一般公認會計原則	依決策需求
4. 時效性	落後	及時
5. 資訊形式	完整的財務報表	財務或非財務性報告
6. 資訊品質	偏重可靠性,較為客觀	偏重攸關性,較為主觀
7. 資訊之報導標的	以企業整體為單位	以企業整體或某一內部部門、產品或設備為單位

一般而言,管理會計的範圍和目標比成本會計更廣泛和普遍。管理會計的主要內涵有:成本管理、計畫、策略制定、決策、績效管理與風險管理等。管理會計的使命就是要協助企業組織實現其願景,其本身就是一個資訊系統,不間斷的提供企業決策者正確且有用的資訊。

第四節

新環境下成本管理技術

新環境下之成本管理技術,如:作業基礎成本與管理制度、平衡計分卡、知識管理、企業資源規劃、環境成本會計系統及大數據等新興科技已廣為產業引用,惟科技發展及競爭之激烈,致使成本管理技術之創新及進步也非常快速,如何將成本管理之各技術加以整合,而不至於形成許多各自獨立的制度,已是刻不容緩。另近年來,環境、永續與公司治理等議題也備受重視,各項規範與實施辦法已陸續上路,產業與政府單位莫不積極因應中。本節先就上述管

理會計新技術加以介紹，並說明其對企業與成本、管理會計人員的影響與因應，部分重要議題將於第十章再詳述之。簡介如下。

● 一、作業基礎成本制度及作業基礎管理制度

美國於 1988 年發展及實施作業基礎成本制度（Activity-Based Costing, ABC）以來，陸續有產生相關管理制度，諸如作業基礎管理制度（Activity-Based Management, ABM）及作業基礎預算制度（Activity-Based Budgeting, ABB）之發展，這些制度之發展可以說已達到成熟階段。台灣企業界對 ABC 及 ABM 制度早已行之有年。

作業基礎成本制度自 1980 年代開始發展至今，已有四十多年的時間，由於它以作業別作為分攤成本的基礎，在企業管理上可運用在許多決策上，如定價決策、生產及產能決策、產品成本管理決策等等，同時又由於它能提供決策者即時且有效、精確的資訊，因此，對企業在創造競爭優勢上，可說是具有相當大的功能，而各企業也紛紛投入落實 ABC 及 ABM 的工作中。

● 二、平衡計分卡

資訊時代的公司因投資和管理智慧資產而獲致成功，它們必須把功能專業化整合成為以顧客為導向的企業流程，把經營方式從大量生產、大量提供標準化的產品與服務，改成以彈性大、反應快、品質高的方式，提供創新並為目標顧客提供客製化的產品與服務。員工的技術再造、傑出的資訊科技，以及方向一致的組織程序，將會帶來產品、服務、流程的創新和進步。

在企業投資建立這些新能力之際，傳統的財務會計模式既不能發揮激勵的作用，亦無法在短期內衡量組織的成敗。傳統的財務模式是為貿易公司和工業時代的大公司而設計的，它只能衡量過去發生的事情，不能評估企業前瞻性的投資。

平衡計分卡是一個整合策略衍生出來的量度新架構，它保留衡量過去績效的財務量度，但引進驅動未來財務績效的驅動因素。這些圍繞著顧客、企業內

部流程、學習與成長構面的績效驅動因素，以明確和嚴謹的手法詮釋組織策略，而形成特定的目標和量度。

● 三、知識管理

知識爆炸是我們早已耳熟能詳的現象與口號，然而在進入新世紀之際，我們的社會則是愈來愈依賴資訊作為經濟發展的基礎，特別是隨著電腦、網路與通訊科技的快速發展，使知識的生產與傳布加倍快速。如果我們只炫惑於知識爆炸的衝擊，而不能善用科技去積極建立「知識型經濟」（Knowledge Economy）的話，不論是個人、組織或整體社會，都會造成競爭的退步，進而在國內或國際上，喪失市場的優勢。由於會計專業人員所從事的工作，也是知識產業的一部分，我們也不能不深思「知識型經濟」的涵義及影響，更須加強規劃因應之道。

知識管理（Knowledge Management, KM）是 21 世紀企業競爭力的利基，同時它也成為企業價值所在。此外，也有人說知識是繼勞力、資本之後，第三波企業主流；也就是說，知識管理是企業永續經營不可忽略的管理模式，企業透過規劃、建置知識管理系統以及相應的變革及創新等配套措施，藉由正確、即時且具攸關性的知識資訊，使員工精確迅速的解決問題、服務客戶，提升整體經營績效，達成企業策略目標，並能在活用知識的組織中，活化既有知識加以創新改進，持續取得企業競爭優勢。

● 四、企業資源規劃

企業經營隨著時代的脈動，在不同階段會面臨不同的挑戰與創新，1970 年代為成本降低年代，1980 年代為品質年代，而在講求服務的 1990 年代，在目前的環境下，企業想要掌握致勝的關鍵，除了應該瞭解並滿足顧客多變的口味外，更必須具備整合及創新的能力，以適應目前這個多元化競爭的經營環境。

強調整合各作業流程資源，提供企業快速存取方式的企業資源規劃（Enterprise Resource Planning, ERP）系統，就是一個能協助企業整合資源、創新流程的管理

工具。ERP系統強調透過資源整合及規劃，企業不但可以達到縮短時程、降低成本、增加產出品質的目的，更可藉由流程的再造，因應現今資訊科技的快速發展，以掌握經營管理的競爭優勢。

另外，資訊與流程在企業內部構成一個循環，較佳的資訊牽引出較佳的流程，較佳的流程又產生有用的資訊，因此唯有兩者間良性的互動，方能促使企業持續不斷地進步。另外，企業也必須解決速度上、成本上、品質上的問題，最必要的工作就是做好企業資源的規劃，也就是導入ERP系統。但是，此系統導入是一項耗時費資的工程，所牽涉的作業更是龐雜，故企業必須先做好準備工作，包括目標的訂定、軟體及諮詢顧問的選擇，以及最重要的觀念的宣導與教育，並且做好事前升級支援的計畫，如此方能使ERP系統確實發揮效用，以收事半功倍之效。

● 五、環境成本會計系統

國際環境管理標準 ISO14000 在 1996 年發布，強調企業必須透過產品生命週期的評估及環保規章的限制，將以往外部化由社會負擔的環境成本轉為內部化，自此，環境成本會計系統也應運而生。也就是說，為了達成生態效益，邁向企業永續發展，企業必須從產品設計、原料選定、製程改善、汙染防治、售後服務、至廢棄物回收處理等整個生命週期，積極進行改善。

企業永續發展的目的在於，確保組織於營利的同時；考量社會與環境的成本。換言之，其核心精神在於如何將改進社會和環境的力量，轉化為業績的提升。為達此目的，發展健全的企業整體策略為第一要務。管理階層人員和專業人士（例如：會計師）可以顯著地改變組織運作的方式，但是革新性策略的推行成功與否，治理階層的遠見和領導能力為最重要的催化劑。治理階層之責任在於建立和設定組織目標。治理階層應藉由：

1. 顯現出對永續發展的承諾。

2. 幫助以確保永續發展是嵌入在一個組織活動內。

3. 示範一個組織如何執行；展現組織的承諾，並發展量化與具時限的永續發展的目標。

永續發展策略於執行時所遭遇之機會與風險（包括環境，社會和經濟問題），為策略制訂、執行與考核過程中必須考量的部分。治理階層應整合永續發展所產生之機會與風險於現有之風險管理框架，並督促管理階層積極的管理風險，以適應社會和環境的變遷；激勵全體員工探索並掌握任何可改善財務與永續發展兩者績效的機會。

簡言之，企業必須協同股東、員工與供應商從產品設計、原料選定、製程改善、汙染防治、售後服務至廢棄物回收處理等整個生命週期，進行積極的改善。在過程中除了社會與環境因素，財務因素亦十分重要。三者涉及產品或服務在其整個生命週期的成本、考慮營運成本和處理成本，以及收購成本。因此，環境成本會計被定位為促進企業永續價值達成的重要技術。

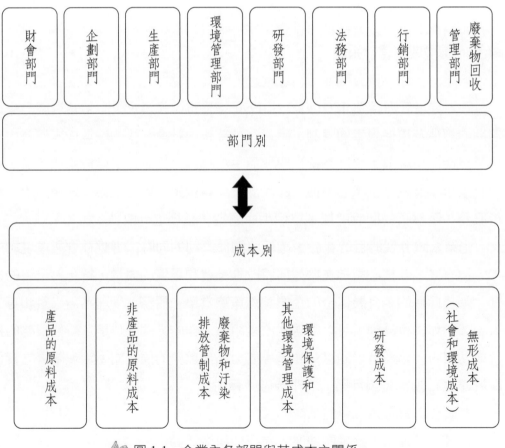

圖 1-1　企業內各部門與其成本之關係

環境成本的範圍相當廣泛，包括可辨識的財力成本及不可辨識的意外、形

象與關係成本，以及由社會所承擔之社會成本等。而所謂的環境成本會計系統係尋找、辨認及量化企業經營中，與環境相關的直接或間接成本，為評估產品及設備、減少產品或製程對環境的影響，改善環境績效等重要資訊之工具，以提供有關產品結構、產品維持（retention）和產品定價策略等相關資訊給決策者參考，甚至更進一步應用於成本分攤、投資分析（財務評估）、製程設計等更具潛力的應用上。所以，環境成本會計系統除了涵蓋原有之財務會計的功能之外，也包括成本與管理會計的範疇，目前國際上將其視為必要的管理工具之一。環境成本會計提供資訊協助廠商改善其環境績效、控制成本、評估清潔生產或汙染防治設備或技術的投資，發展改善出更符合環保及清潔生產理念的製程和產品。

　　環境成本會計系統的功能如下：

　　1. 藉由辨別隱藏或其他的內部和外在的環境成本，更確實地反應產品或製程的成本，提供企業管理者獲得最佳的預測資訊，做出最好的決策。

　　2. 提供相關資訊以瞭解並改進製程對環境所造成的影響，並設計出最能符合成本效益且以環境保護為優先的產品及製程。

　　3. 提供企業就符合環境保護標準所從事的各項活動的相關證據。

　　4. 增加管理者對環境成本的認知及外界環境的責任。

　　綠色會計（Green Accounting）係將現有企業環境活動對財務的影響，透過一套會計制度予以衡量、處理及揭露。其以數量方式，提供企業環境保護活動的成本與效益等資訊，可幫助企業改善邁向永續之決策品質，且優化與利害關係人之溝通。

　　台塑企業是國內第一家直接將環境效益等資訊納入環境會計制度的企業。該公司的環境成本支出總金額，自 2018 年至 2021 年分別為 36.4 億元、33.9 億元、34.1 億元與 32.0 億元。以 2021 年為例，該年花費於綠色採購、對製造或銷售產品之回收及再製費用、推行環境保護而提供產品服務所衍生的費用為 15.0 億元，占整體環境成本支出總金額之 47.0%，顯示該公司對於環境保護及減少對環境間接的衝擊與影響之重視。

● 六、ESG 資訊揭露與永續治理

ESG 分別是環境保護（Environment）、社會責任（Social）以及公司治理（Governance）的縮寫。環境保護代表企業重視環境永續議題，包括溫室氣體排放、減少碳排放、汙染及廢棄物管理、氣候變遷、環境永續等內容；社會責任，包括勞動人權、員工照顧、工作環境、安全管理、資訊安全、產品責任、行銷管理、供應商、社區計畫等內容；公司治理，包括董事會運作和績效、公司穩定度及聲譽、股東權利、企業道德、供應鏈管理等內容。

一些企業面對全球化與國際化的競爭，認知到若再不重視社會責任、永續發展的實踐或取得相關認證，將難以獲得消費者與投資人青睞及取得國際品牌大廠訂單，也體會到企業要揭露的不僅是過去的財務經營績效，還要包括以ESG 為目標，達到永續經營之政策與作法，故現在許多大型企業已開始揭露ESG 相關資訊。ESG 數據已不只是靜態的分數，更是動態的展現。許多投資人與企業將ESG 數據，視為評估一個企業是否能永續經營的重要指標，其投資不僅看 EPS（每股盈餘），更進一步藉由 ESG 的數據，考量其投資組合。

因全球氣候變遷、海平面上升等衍生諸多自然災害的現象，部分人士（包括投資者）與政府開始警覺與思考如何與自然環境共存？企業也想在維持營收成長之下，同時能保護地球環境，達到永續經營。為因應氣候變遷風險，主要採用的方法有三：直接控制碳排放且將排放量進行交易、課徵碳邊境稅、透過金融市場的投資及融資影響企業對排碳等之決策。近期，ESG 資訊揭露也愈來愈重視氣候變遷所衍生的風險，「國際財務報告準則基金會」（IFRS）基於全球市場需求，成立「國際永續準則委員會」（ISSB）且建立永續資訊揭露框架，將企業自願性揭露轉變為具有強制性的規範。

為健全 ESG 生態，以強化企業永續經營及資本市場競爭力，金融監督管理委員會於 2020 年 8 月 25 日發布「公司治理 3.0-永續發展藍圖」，參考國際氣候相關財務揭露規範（Task Force on Climate-related Financial Disclosures，簡稱TCFD）強化企業社會責任（CSR）報告書中有關 ESG 資訊的揭露。企業在揭露相關永續資訊時，將台灣當地法規、規範與時情納入考量外，並需附帶說明，

以反映本土企業的實際情況。

　　另外，在個別產業重大性議題方面，規劃導入「SASB 永續會計標準委員會」準則，將市場區分為 77 個行業，依據產業特性而揭露永續相關指標，該等指標具有財務影響重大性、投資人決策攸關性、一致性以及可比性，便於使用永續資訊時，能在相關產業中能進行比較，有助於投資決策之執行。

　　全球各大企業從撰寫企業社會責任報告書（CSR）到近年來著重於揭露ESG原則，皆需會計專業人員提供各式各樣的資訊。會計界過去編製財務報告書，現在要編製非財報報告書，財報看 EPS，非財報則看 ESG。當 ESG 投資蓬勃發展、企業以永續經營為目標之際，會計專業人員能協助經營者有脈絡且有依循的掌握公司經營現況、有效降低風險並確認企業發展策略是否符合永續發展目標？ESG 現已成為會計界與企業相關人員等很重要的專業。

七、大數據、區塊鏈等新技術

　　由於 21 世紀工業 4.0 智慧製造之發展，各種新興科技推陳出新，例如：大數據分析（Big Data）、人工智慧（AI）、物聯網（IoT）、雲端運算（Cloud Computing）、區塊鏈（Block Chain）、機器人流程自動化（RPA）、5G（5th Generation Mobile Networks）等，這些新興科技已經逐漸深植於各產業生態圈，為各行各業帶來巨大的機會與挑戰，除有效降低成本等效益外，亦同時大幅改變商業模式、組織架構與勞動力的結構。

　　大數據分析等新技術之應用顛覆了整個會計行業，如在管理會計方面，因為預測方面的突破，全面改善企業現有的決策、規劃、控制與評價方式，進而實現管理創造價值之目標；但企業亦需增加投資，購買資訊系統設備、提升管理會計人才的專業和能力，管理會計職能的中心亦由戰術轉向戰略，這些均增加經營管理上的挑戰。另外，區塊鏈技術具有：去中心化、可追溯性強、可信度高的特性，該等特性與會計行業有著密不可分的關係，可架構一個即時記錄、可驗證性且透明的管理會計資訊系統。

　　新興科技亦改變了管理會計人員的職能角色，如大數據的分析技術可取代一些原由會計人員執行的業務，惟大數據分析技術雖能有效率的蒐集和彙整數

據,但仍有賴會計人員進一步的分析與解讀,方能提供企業有價值之資訊。

面對商業環境的變化和技術的進步,會計人員在本職能力上亦需加強以因應此一變化。管理會計師協會(IMA)於分析管理會計人員未來所需具備的本職能力後,提出在六個領域的基本能力,包括:策略、計畫與績效(Strategy, Planning & Performance)、報告與控制(Reporting & Control)、技術與分析(Technology & Analytics)、商業敏銳度與營運(Business Acumen & Operations)、領導力(Leadership)以及職業道德與價值觀(Professional Ethics & Values)等供會計人員參考與借鏡。

第五節

職業道德

職業道德係指人們在從事特定的職業活動過程中,應遵循的道德規範和行為準則。

「培養自身專業能力」與「堅守職業道德」是專門職業人員能夠存在和受人尊敬的兩大支柱。除專業能力外,會計從業人員於執行業務上,常面臨各式各樣的職業道德問題,管理會計師協會(IMA)頒布「管理會計與財務管理人員之道德行為準則」(IMA Statement of Ethical Professional Practice),羅列 IMA 的道德原則、IMA 成員的職責及概述面臨道德問題時的行動方案,作為從業人員遵循之用。主要內容如下:

IMA 成員的行為應該符合職業道德。對職業道德規範的承諾,包括遵循我們在指導成員行為的價值觀和標準之整體原則。

● 一、原則

IMA 職業道德原則,包括誠實、公平、客觀和負責。成員行為應該符合這些原則,並且鼓勵組織內部的其他員工遵守這些原則。

二、標準

　　IMA成員有責任遵守並堅持具備勝任工作的能力、保密性、正直性和可信性等標準。如不遵守以上標準，IMA成員將受到紀律處分。

(一)能力

1. 透過充實知識與提升技術層次，保持合適的職業領導力與競爭力。
2. 依照有關的法律、法規和技術標準，履行業務上的職責。
3. 提供準確、清晰、簡潔和及時的資訊與建議以供決策之用。識別並幫助風險管理。

(二)保密性

1. 除了授權或法律要求之外，禁止揭露工作中的機密資訊。
2. 告知有關方面或人員，需正確使用工作過程中所獲得的機密資訊，並對其加以監理以確保符合規範。
3. 禁止違反職業道德或者法律而使用機密資訊。

(三)正直性

1. 避免潛在或實際上的利益衝突，定期與業務夥伴溝通以避免明顯的利益衝突。就任何潛在的利益衝突，向所有的各方提供規勸。
2. 避免從事任何妨礙道德履行職責的行為。
3. 避免從事或支持任何可能使該職業失去信譽的活動。
4. 促進積極的道德文化，並將專業操守置於個人利益之上。

(四)可信性

1. 公平客觀地溝通並傳遞資訊。
2. 有關可能會影響預期使用者對報告、分析和建議之理解的所有資訊，均需充分提供。

3. 報告資訊、時效性、流程或內部控制若有延遲或不足，應按照組織政策處理和（或）適用法律。

4. 因專業或其他原因可能造成交流溝通的限制，該等限制應避免對所負責領域的判斷或一個活動的成功執行造成阻礙。

第一章習題

一、選擇題

- (　) 1. 有關「成本會計」，下列敘述，何者正確？　(A)只適用在製造業，服務業則不須用到成本會計的技術　(B)不須參照一般公認會計原則來計算成本並作決策　(C)只能衡量公司整體的經營績效　(D)成本會計只適用在計算產品或服務的成本而已。

- (　) 2. 有關「管理會計」，下列敘述，何者錯誤？　(A)提供管理決策所需要之會計資訊　(B)提供非結構化決策所需的資訊　(C)強制性的；受法律、命令限制；必須按公認形式編成財務報表　(D)不受任何約束；管理當局可自行決定作到何種程度。

- (　) 3. 有關管理會計與財務會計的差異，下列敘述，何者錯誤？　(A)管理會計的目的在協助管理當局作決策，財務會計的目的在協助外部使用者做決策　(B)管理會計注重時效性及攸關性，財務會計注重可靠性　(C)管理會計的資訊較為主觀，財務會計則較具有客觀性　(D)管理會計由於使用者尚包括公司外部人士，所以仍必須遵守一般公認會計原則。

- (　) 4. 下列何者為製造成本的定義？　(A)直接材料＋製造費用　(B)直接人工＋製造費用　(C)加工成本＋製造費用　(D)主要成本＋製造費用。

- (　) 5. 有關「固定成本」，下列敘述，何者錯誤？　(A)大部分為間接成本　(B)每單位固定成本會隨著數量的增加而增加　(C)在攸關範圍內，其成本總額永遠保持不變　(D)可分為既定性固定成本及任意性固定成本。

- (　) 6. 下列何項是變動成本的最好例子？　(A)折舊費用　(B)利息支出　(C)每單位材料成本　(D)工廠監工的薪資。

- (　) 7. 一般而言，工廠機器所使用的潤滑油為何種成本？　(A)直接材料　(B)間接材料　(C)加工成本　(D)主要成本。

- (　) 8. 有關「ESG 資訊揭露與永續治理」，下列敘述，何者錯誤？　(A)ESG 分別

是環境保護、社會責任與公司治理的縮寫　(B)現在許多大型企業已開始揭露 ESG 相關資訊　(C)金融監督管理委員會於 2020 年 8 月 25 日發布「公司治理 3.0-永續發展藍圖」　(D)揭露 ESG 原則，與會計領域的專業人員無關。

(　) 9. 有關「大數據、區塊鏈等資訊技術」，下列敘述，何者錯誤？　(A)大數據分析等新技術之應用除降低成本外，對會計行業影響很小　(B)區塊鏈技術具有：去中心化、可追溯性強、可信度高的特性　(C)區塊鏈技術可架構一個即時記錄、可驗證性且透明的管理會計資訊系統　(D)大數據分析技術雖有效率的蒐集和彙整數據，但仍有賴會計人員進一步的分析與解讀，方能提供企業有價值之資訊。

(　) 10.「管理會計與財務管理人員之道德行為準則」中，「避免從事任何妨礙道德履行職責的行為」係屬準則中的哪一項？　(A)能力　(B)保密　(C)正直　(D)信賴。

二、計算題

1. 東港公司生產黑鮪魚罐頭，其中購買新鮮黑鮪魚的成本為$80,000，罐頭成本為$20,000，製作過程中會添加少許的調味料，其成本為$2,000，處理魚肉的工廠人員薪資$25,000，銷售人員薪資$30,000，廠長薪資$15,000，廠房租金$40,000，工廠水電費$5,000，辦公大樓水電費$2,000。試計算直接材料、直接人工、製造費用及製造成本各為何？

2. 承上題，主要成本及加工成本為何？

3. 澎湖公司每單位的製造成本為$40,000，其中主要成本占 70%，加工成本占 50%。試計算直接材料、直接人工及製造費用各為何？

4. 馬祖公司的成本資料中，直接人工與製造費用之比為 2：3，間接人工$6,000 為直接人工成本的 6%，又加工成本為主要成本的 50%。試計算直接材料、直接人工及製造費用各為何？

第一章 解答

一、選擇題

1.(B)　*2.*(C)　*3.*(D)　*4.*(D)　*5.*(B)　*6.*(C)　*7.*(B)　*8.*(D)　*9.*(A)　*10.*(C)

二、計算題

1. 首先一一分析各項成本的性質，再將其分類計算。

(1)黑鮪魚的成本$80,000 為直接材料。

(2)罐頭成本$20,000 為直接材料。

(3)製作過程中所添加的少許調味料，由於占整個產品的比重不大，所以其$2,000 成本為間接材料。

(4)處理魚肉的工廠人員薪資$25,000 為直接人工。

(5)由於銷售與生產活動無關，所以銷售人員薪資$30,000 為銷售費用。

(6)由於廠長的工作是管理工廠的生產作業及人員，並不是在生產線上，所以薪資$15,000 為間接人工。

(7)廠房租金$40,000 為其他製造費用。

(8)工廠水電費$5,000 為其他製造費用。

(9)辦公大樓水電費$2,000 為營業費用。

所以直接材料＝$80,000 ＋$20,000 ＝$100,000

直接人工＝$25,000

製造費用＝間接材料＋間接人工＋其他製造費用

$\qquad$＝$2,000 ＋$15,000 ＋$40,000 ＋$5,000

$\qquad$＝$62,000

製造成本＝直接材料＋直接人工＋製造費用＝$100,000 ＋$25,000 ＋$62,000

$\qquad$＝$187,000

2.主要成本＝直接材料＋直接人工＝$100,000＋$25,000＝$125,000

加工成本＝直接人工＋製造費用＝$25,000＋$62,000＝$87,000

3.主要成本＝$40,000×70%＝$28,000

加工成本＝$40,000×50%＝$20,000

假設直接材料＝x，直接人工＝y，製造費用＝z

則製造成本＝$x＋y＋z＝$40,000

主要成本＝$x＋y＝$28,000

加工成本＝$y＋z＝$20,000

從以上三式得出，

直接材料＝$x＝$20,000

直接人工＝$y＝$8,000

製造費用＝$z＝$12,000

4.首先，假設直接材料＝x，直接人工＝y，製造費用＝z

$y＋z＝(x＋y)×50\%$

$3y＝2z$

$6,000＝y×6\%$

從以上三式得出，

直接材料＝$x＝$400,000

直接人工＝$y＝$100,000

製造費用＝$z＝$150,000

第二章

分批成本制度

分批成本制度之意義

當要開始進行此章節時，我們必須先瞭解何謂分批？假設今天您開了一家工廠，工廠中所生產的產品彼此之間相似性不高，那麼這些彼此不相似產品所成的集合稱為批次，所以分批成本制即是按產品批次累積成本，分別計算產品成本的一種會計制度。

通常實務上適合使用分批成本制度的情況有以下幾種：(1)產品服務種類繁多，差異性極大，如裝配式的行業。(2)產品服務或種類特殊，依客戶個別需求而各批生產相異，如建築、印刷、家具業。(3)受到顧客特別委託的行業，如加工業和修理業。(4)專業性的行業，如會計和法律等。

使用分批成本制度，在產品完工時就可得到成本資料，對於價格訂定和成本計算及進行成本控制，都可達到它的效益。但是分批成本制度按批計算成本的方式，每一批次都要設成本單，造成繁雜的現象，需要人工去記入各批次的成本單，會加重其處理成本；同時分批成本制度偏向製造費用的控制，對於料、工的控制往往較於缺乏，是其缺失之處。

與分批成本制度相關的單據及流程

在分批成本制度中，主要是以成本單來計算其成本，在計算成本的同時，要先取得領料單、計工單，才能記錄在成本單裡。所以在分批成本制度裡，主要的表單就是領料單、計工單和成本單。如圖 2-1，在此制度下，當收到顧客銷貨訂單時，企業先決定依此批次所需生產之產品，生產前要簽發製造通知單通知生產，在產品生產的開始（即自領料開始）時，領料單中，我們可以瞭解到直接材料在工廠中的使用情形。通常在此憑證中會載明直接材料的單價和數量，而計工單則為直接人工所耗費的工作時間與其工資率相乘後的結果，領料單和計工單兩者所顯示即為直接成本（直接材料加直接人工）。在本書第一章

中，產品成本為直接成本與間接成本合計數。既然成本單中已包含直接成本的部分，那麼剩下部分的間接成本（注意在此為預計製造費用已分攤部分，不含實際間接材料、實際間接人工及實際製造費用等發生會計入製造費用統制帳的部分）也會在成本單中顯現出來。間接成本採分攤方式部分要先決定分攤基礎，再以分攤基礎乘上所使用量求得其間接部分成本。直接與間接成本相加後即可求得生產此項產品成本，至此成本單中已顯示出產品完工時成本，分批成本制度計算產品成本流程就結束了。因此分批成本制度必須對生產流程中的憑證單據加以瞭解，單據和流程是此制度的精神所在。

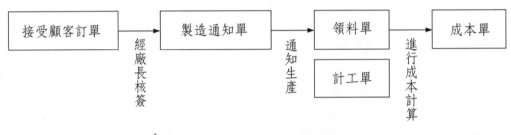

圖 2-1　分批成本制度流程圖

第 三 節

分批成本制度的會計處理

分批成本制度的基本流程在本章第二節中已說明，接下來要將流程中的料工費加以詳細說明。

● 一、材料的會計處理

假設我們現在已收到客戶訂單且經廠長核簽製造通知單開始要進行產品生產（直接進入圖 2-1 後半段），於是產品生產要先有材料，前一節中所說的領料單為此階段重要角色。要領料前要先有材料，於是先進行材料的購買。購買材料先作分錄：

```
材料          ×××
    應付帳款      ×××
```

工廠中現在已經有了材料（包含直接和間接材料），接下來要進行領料動作。領用材料所作分錄，又分倉庫領料（直接材料領料部分）和工廠領料（間接材料領料部分）。

倉庫領料（直接材料領料）會借記在製品，原因在於直接材料如同第一章所提可直接歸屬於成本（流程）標的，視為製程的一部分，這些直接材料領料成本會在領料單中記錄，於是所作分錄為：

```
在製品        ×××
    材料          ×××
```

上述若發生退回倉庫的料品，則應借記「材料」，貸記「在製品」，記入成本單而非在領料單上作記錄。

工廠領料（間接材料領料）會借計製造費用統制帳，會借記製造費用是因製造費用（間接材料含於其中）不能直接歸屬成本（流程）標的中，當然此部分要如第一章所提間接材料在記錄到製造費用中後，採分攤方式到不同批次。間接材料領料分錄如下：

```
製造費用統制帳    ×××
    材料          ×××
```

● 二、人工的會計處理

與人工有關的會計記錄包含了人工成本的發生及人工成本的分配。人工成本的發生，主要是記錄薪資的發放，發生時如同財務會計所作分錄：

```
薪工              ×××
    應付薪工（或現金）    ×××
```

　　發生人工成本（包含直接與間接人工）後，為了要計算分批產品的個別成本，所以接下來要分配人工相關成本至各工作批次中。

　　若分配直接人工成本，必須要借記在製品，借記在製品科目原因就如同直接材料領料一樣，可直接歸屬於成本（流程）標的且視為製程的一部分。記錄實際發生直接人工成本至計工單中，分錄如下：

　　分配間接人工成本借記製造費用統制帳，因為間接人工不能直接歸屬於成本（流程）標的為製造費用一部分，如同間接材料在記錄到製造費用中後，採分攤方式到不同批次，所作分錄為：

```
製造費用統制帳    ×××
　　薪工              ×××
```

　　進行到此，領料單和計工單已完成，進入到成本單中。工廠產品的成本中，材料及人工的會計處理也告一段落，製造成本（包含材料、人工及製造費用）只剩製造費用會計處理。（注意：間接材料和間接人工等實際發生成本已處理進入製造費用統制帳，但不能進入成本單中，成本單製造費用部分為已分配製造費用！）接下來要進行前，先請讀者看要走的流程圖：

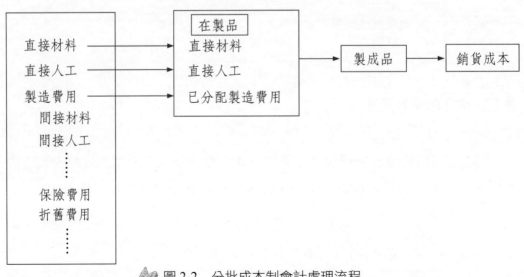

📖 圖 2-2　分批成本制會計處理流程

當完成製造費用會計處理（已分配製造費用）連同直接材料及直接人工歸屬至產品批次（在製品）後（在此之前為圖 2-2 前段），成本單完成批次工作進入圖 2-2 後段轉入製成品，若產品未賣視為存貨，流程圖中產品即將賣出進行交易則轉入銷貨成本中（在此先不論實際與預計製造費用差異所產生多或少分攤製造費用的會計處理）。分批成本制度會計處理流程也就完畢了！

● 三、製造費用的會計處理

與製造費用相關的會計處理包含了製造費用實際發生、計算製造費用分配率以分攤預計的製造費用至批次產品、多或少分配製造費用的會計處理。

製造費用實際發生時，就要立刻加以記錄，其他例如：保險費、折舊費用則在期間終了調整入帳。假設發生保險及折舊相關交易事項，所作分錄如下：

```
製造費用統制帳        ×××
    預付保險費         ×××
    累積折舊           ×××
```

在此我們會彙計製造費用統制帳總金額，不要忘了間接材料與間接人工也是借記製造費用統制帳要一併計入，但不計入成本單，因為這些金額都是實際發生的！

分攤預計製造費用至批次產品是分批成本制度很重要的一個環節，為了方便能夠計算出所分攤的預計製造費用，必須要先決定預定的製造費用分配率。要注意的是預定製造費用分配率通常在期初已知，在分配率決定之後再乘上歸屬於該批次的實際作業量，就可以求出該批預計製造費用的金額。這些製造費用並沒有實際發生（借：製造費用統制帳），而是採用分攤方式（貸：已分配製造費用）轉入該批次，年底時會和實際發生的製造費用作比較（借貸相抵進行多或少分攤的會計處裡），所以所作的分錄如下：

```
在製品              ×××
    已分配製造費用     ×××
```

多或少分配製造費用的會計處理：在期末時，實際發生的製造費用（製造費用統制帳）和已分配製造費用不相等時，會產生多或少分配製造費用。多分配即是已分配製造費用數多於實際發生數，而少分配則是相反的情況。期末的會計處理有兩種方式：一種是將餘額結入銷貨成本；另一種則按在製品、製成品及銷貨成本餘額的比例來進行分攤。

使用調整銷貨成本方式，假設發生多分配的情形，即已分配製造費用（貸餘）金額大於製造費用統制帳（借餘），將借餘與貸餘相抵後沖轉銷貨成本，會計分錄為：

已分配製造費用	×××	
銷貨成本（即多分配製造費用）		×××
製造費用統制帳		×××

在這種情形下，將會調整期末銷貨成本，則實際銷貨成本為下列所示：

銷貨成本	×××
減：多分配製造費用	(×××)
銷貨成本（實際）	×××

由上述情形可知多分配製造費用對淨利有利（在貸方）！

比例分攤法通常是依在製品、製成品及銷貨成本餘額占總成本比例來進行分配。假設發生多分配製造費用（預計$140,000較實際$120,000為多）$20,000，期末在製品、製成品及銷貨成本餘額假如占總成本比例為 20%、30% 及 50%，則會計分錄如下：

已分配製造費用	140,000	
在製品（$20,000×20%）		4,000
製成品（$20,000×30%）		6,000
銷貨成本（$20,000×50%）		10,000
製造費用統制帳		120,000

● 四、產品完工及銷售的會計處理

　　在分批成本制度之下，產品完工及銷售有兩種情形，一種是產品完工後直接售出，另一種則是為了補充庫存，之後再予以出售。

　　產品完工直接出售情形，所作分錄同財務會計，作法如下：

應收帳款	×××	
銷貨		×××
銷貨成本	×××	
製成品		×××

　　當工作批次係為了補充庫存，則先將在製品轉至製成品：

製成品	×××	
在製品		×××

　　之後再進行將庫存商品出售給顧客，所作分錄同上：

應收帳款	×××	
銷貨		×××
銷貨成本	×××	
製成品		×××

　　分批成本制度由產品的製造到銷售的會計處理可與第一章所介紹的成本介紹一節相互對應。分批成本制度與分步成本制度通常為企業所採行的兩種制度，有關分步成本制度在第三章提及，採用分批或分步成本制度取決於工廠（或企業）所提供產品的相似程度。

第二章 習 題

一、選擇題

（　）1.有關「分批成本制」（job-costing system），下列敘述，何者正確？　(A)分批成本制僅適於製造業，不適用於服務業　(B)分批成本制度適用於獨特、具辨識性之產品或勞務　(C)在分批成本制下，成本標的是相同或相似的產品或勞務之集合　(D)分批成本制僅適用於沒有分部門的行業，有多個部門的行業適用於分步成本制。

（　）2.下列何項為「分批成本制度」下累積及計算各批次產品成本之表單？
(A)領料單（materials-requisition record）　(B)計時單（labor-time record）
(C)成本指派單（cost assignment record）　(D)分批成本記錄（job-cost record）。

（　）3.下列何種原因所造成之加班，其直接人工之加班津貼應視為某特定批次訂單之成本？　(A)顧客緊急訂單　(B)當產品生產數量較多時　(C)管理者未將該批次排入生產排程　(D)管理者希望在假期前提早完成。

（　）4.在分批成本制度下，已分攤製造費用應在何時計入分批成本單？　(A)產品銷售時　(B)投入原料時　(C)發生製造費用時　(D)每月終了結帳時。

（　）5.板橋公司生產多種不同的產品，每次生產前，必須重新進行機台設定、增添機油及更換機器零組件等作業活動，與前述這些作業活動有關的成本應歸類於下列何項層級之作業成本？　(A)批次層級成本　(B)單位層級成本　(C)產品支援層級成本　(D)廠務支援層級成本。

（　）6.有關「分批成本制」，下列敘述，何者正確？　(A)分批成本制以預定分攤率分攤製造費用　(B)分批成本制係以產品批次為成本標的來計算產品成本
(C)分批成本制以製造部門或加工步驟計算產品的單位成本　(D)批次成本單為記錄每批次產品材料成本、人工成本和製造成本的表單。

（　）7.下列哪一產業較適合使用「分批成本制」？　(A)波音（Boeing）之飛機組

裝 (B)百事可樂（Pepsi）之飲料製造 (C)殼牌石油（Shell Oil）之石油提煉 (D)美國銀行（Bank of America）之兌現支票。

( ) 8. 新莊公司採用分批成本制，並按預計分攤率將製造費用分攤至各批次之產品。下列是該公司十月份之相關資料：直接原料成本$600,000，間接原料成本$120,000，實際製造費用$500,000，直接人工成本$900,000。該公司十月份無期初或期末在製品存貨，若已分攤製造費用為$300,000，請問：其已完工之製成品成本為多少？ (A)$1,800,000 (B)$1,920,00 (C)$2,000,000 (D)$2,120,000。

( ) 9. 泰山公司採分批成本制，並按直接人工成本的 150%分攤製造費用。若批號#6010 訂單之實際製造費用為$2,800,000，已耗用直接人工成本為$1,600,000，有關該批號訂單製造費用之分攤，下列何者正確？ (A)多分攤$400,000 (B)多分攤$1,200,000 (C)少分攤$400,000 (D)少分攤$1,200,000。

( ) 10. 林口公司採分批成本制度，該公司某批次生產共領用直接原料$2,000,000 及間接原料$100,000，其交易相關之分錄應包括下列何者？ (A)借：直接原料$2,000,000 (B)借：製造費用$100,000 (D)借：在製品$2,100,000 (C)貸：製造費用$100,000。

二、計算題

1. 坪林公司採用分批成本制，其產品製造過程經過機器部門與組裝部門。製造費用分攤的基礎為：機器部門按機器小時分攤，組裝部門按直接人工小時分攤。預計全年度的相關資料如下：

	機器部門	組裝部門
直接人工成本	$5,000,000	$9,000,000
製造費用	$4,200,000	$2,400,000
直接人工小時	30,000	60,000
機器小時	80,000	20,000

批號#1176 訂單的相關資料如下：

	機器部門	組裝部門
直接人工小時	120	70
機器小時	60	5
直接材料成本	$3,000	$2,000
直接人工成本	$1,000	$4,000

請問：計入批號#1176 訂單的產品成本為多少？

2. 貢寮公司採用分批成本制度，製造費用是依據直接人工的 150%分攤，所有多分攤及少分攤之製造費用均於月底結入銷貨成本。於 20X2 年 6 月 30 日當天，僅有批號為 404 的工作尚未完工，其已發生的成本包括直接原料$20,000、直接人工$16,000、已分攤製造費用$15,000，在 7 月份開工的工作有 405、406、407 三批。7 月份領用之原料為 $134,000，所發生的直接人工成本為$100,000，實際的製造費用為$258,000，截至 7 月底未完工的僅有批號 407 的工作，該工作已投入直接原料$14,000 及直接人工$9,200。

試作：

(1)計算 20X2 年 7 月份之生產成本表（schedule of cost of goods manufactured）。

(2)計算 7 月 31 日結入銷貨成本之多分攤或少分攤之製造費用。

(3)作第(2)項相關之分錄。

3. 石門公司採用分批成本制度，該公司 5 月份的成本及營運資料如下：

銷貨收入（一半賒銷）	$400,000
原料採購成本	$210,000
直接人工成本	$320,000
已使用的直接原料	$140,000
實際製造費用（包括折舊費用$22,000）	$105,000
製成品成本	$408,000
機器小時	20,000

石門公司預計製造費用分攤率為每機器小時$5，期初原料存貨成本為$15,000，而期初在製品存貨成本為$22,000，另外期初與期末的製成品存貨分別為$35,000 及

$54,000。

試作：

(1)求出期末的原料存貨、在製品存貨及本期製造成本、銷貨成本餘額。

(2) 5 月份的製造費用為高估或低估多少？

(3)編製 5 月份交易之會計分錄。

4.金山公司採分批成本制度，X2 年 6 月底月結時，有關資料如下：

	6/30 餘額	6/1 餘額
製成品	?	$88,000
在製品	?	22,000
材料（直接材料及物料）	$25,300	16,500
應收帳款	71,500	49,500
應付帳款	5,500	7,700
應付薪工	15,400	12,100

a. 銷貨均採賒銷方式，毛利率為 28%。

b. 應付帳款帳戶僅限於記載賒購材料結欠廠商之貨款。

c. 製造費用預計分攤率為直接人工成本之 150%。

d. 6 月份實際發生之其他製造費用總額為$66,000。

e. 6 月份耗用之直接原料成本總額為$88,000。

f. 6 月份付現之應付帳款總額為$112,200。

g. 6 月份尚未製成之成本單僅一批，該批成本單截至月底已投入之直接原料成本為$11,000，直接人工成本為$8,800。

h. 6 月份收現之應收帳款總額為$528,000。

i. 6 月份之製成品成本為$352,000。

j. 6 月份共支付薪工$189,200。

試求 X2 年 6 月份之各項金額：

(1)購入材料總額。

(2)銷貨成本。

(3)製成品期末餘額。

(4)在製品期末餘額。

(5)直接人工成本。

(6)已分攤製造費用。

(7)多（或少）分攤製造費用。

(8)假設多（或少）分攤製造費用之金額相對很小，則此差異應如何處理？

第二章 解 答 ─────────────────────

一、選擇題

1.(B) *2.*(D) *3.*(A) *4.*(D) *5.*(A) *6.*(C) *7.*(A) *8.*(A) *9.*(C) *10.*(B)

二、計算題

1. 坪林公司計入批號#1176 訂單的產品成本為:

每機器小時之製造費用＝$4,200,000÷80,000＝$52.5

每直接人工小時之製造費用＝$2,400,000÷60,000＝$40.0

產品成本＝($3,000＋$1,000＋$52.5×60)＋($2,000＋$4,000＋$40×70)

＝$7,150＋$8,800

＝$15,950

2.(1)

貢寮公司

生產成本表

20X2 年 7 月份

期初在製品		
直接材料	$20,000	
直接人工	16,000	
已分配製造費用	15,000	$51,000
本期投入製造成本		
直接材料	$134,000	
直接人工	100,000	
已分配製造費用　($100,000×150%)	150,000	384,000
本期可供製造成本		$435,000

減：期末在製品

　　直接材料 　　　　　　　　　　　　　　　　$14,000

　　直接人工 　　　　　　　　　　　　　　　　9,200

　　已分配製造費用 　（$9,200×150%）　　　　13,800　　　　　（37,000）

　製成品成本 　　　　　　　　　　　　　　　　　　　　　　　$398,000

(2)少分配製造費用＝$258,000－$150,000＝$108,000

(3)分錄：

　①發生製造費用：

　　製造費用 　　　　258,000

　　　有關貸項 　　　　　　　258,000

　②分配製造費用：

　　在製品 　　　　　150,000

　　　已分配製造費用 　　　　150,000

　③結轉少分配製造費用：

　　已分配製造費用　150,000

　　少分配製造費用　108,000

　　　製造費用 　　　　　　　258,000

　　銷貨成本 　　　　108,000

　　　少分配製造費用 　　　　108,000

3.(1)期初材料成本＋材料採購成本－耗用材料成本＝期末材料成本

　　$15,000＋210,000－$140,000＝$85,000

　　耗用材料成本＋直接人工＋已分配製造費用＝本期製造成本

　　$140,000＋$320,000＋$100,000＝$560,000

　　本期製造成本＋期初在製品－期末在製品＝製成品成本

　　$560,000＋22,000－期末在製品＝$408,000

　　期末在製品＝$174,000

　　製成品成本＋期初製成品－期末製成品＝銷貨成本

　　$408,000＋$35,000－$54,000＝$389,000

(2)少分攤製造費用＝$105,000－$100,000＝$5,000

(3)分錄：

　①購料：

| 材料 | 210,000 | |
| 應付帳款 | | 210,000 |

②直接人工：

薪工	320,000	
應付薪工		320,000
在製品	320,000	
薪工		320,000

③用料：

| 在製品 | 140,000 | |
| 材料 | | 140,000 |

④實際產生製造費用：

製造費用	105,000	
累積折舊		22,000
有關貸項		83,000

⑤記錄預計製造費用：

| 在製品 | 100,000 | |
| 已分配製造費用 | | 100,000 |

⑥本期製成品：

| 製成品 | 408,000 | |
| 在製品 | | 408,000 |

⑦本期銷貨成本及銷貨收入：

現金	200,000	
應收帳款	200,000	
銷貨收入		400,000
銷貨成本	389,000	
製成品		389,000

4.(1)付現數＝期初應付帳款＋本期賒購材料－期末應付帳款

$112,200 = $7,700 ＋本期賒購材料－$5,500

本期賒購材料＝$110,000

(2)收現數＝期初應收帳款＋本期賒銷－期末應收帳款

$528,000 = $49,500 ＋本期賒銷－$71,500

本期賒銷＝$550,000

由於毛利率為28%，表示：銷貨收入×（1－28%）＝銷貨成本

所以，銷貨成本＝$550,000×72%＝$396,000

(3)製成品成本＋期初製成品－期末製成品＝銷貨成本

$352,000＋$88,000－期末製成品＝$396,000

期末製成品＝$44,000

(4)在製品期末餘額＝（期末未完成之成本單上截至月底已投入之）直接原料成本＋

直接原料成本＋已分配製造費用

＝$11,000＋$8,800＋（$8,800×150%）＝$33,000

(5)本期製造成本＋期初在製品－期末在製品＝製成品成本

本期製造成本＋$22,000－$33,000＝$352,000

本期製造成本＝$363,000

耗用材料成本＋直接人工＋已分配製造費用＝本期製造成本

$88,000＋直接人工＋直接人工×150%＝$363,000

直接人工＝$110,000

(6)已分攤製造費用＝直接人工×150%＝$110,000×150%＝$165,000

(7)支付薪工數＝期初應付薪工＋本期發生薪工－期末應付薪工

$189,200＝$12,100＋本期發生薪工－$15,400

本期發生薪工＝$192,500

本期發生薪工－直接人工＝間接人工

$192,500－$110,000＝$82,500

實際製造費用＝其他製造費用＋間接材料＋間接人工

＝$66,000＋$13,200＋$82,500

＝$161,700＜已分攤製造費用$165,000

因此，多分攤製造費用＝$165,000－$161,700＝$3,300

(8)當採用預計分攤率分攤成本後，期末時必須與實際發生之製造費用相比較，將多
或少分攤製造費用依其金額之重大性，作不同之處理。

若金額較不重大，則可直接結轉為當期費用；但若金額重大，則須比例分攤至在
製品、製成品及銷貨成本，並要重新評估所採用的產能水準是否妥當（無論該差
異金額是否有利，都須重新評估）。

分步成本制度

第一節

分步成本制度的意義

在前章節中介紹完分批成本制度，接下來本章要介紹在企業間常使用的另一種成本制度——分步成本制度。工廠要採用分批，還是分步成本制度，取決於所生產產品的相似程度，產品相似程度高則採用分步成本制度。在這所強調的是，無論採用何種成本制度，最重要的在於能夠精確算出產品成本（通常要先求得單位成本），因為唯有在產品成本精準求得後，對於產品定價才能進行預估動作，然後再將此產品進行買賣交易。要瞭解分步成本制度的學習方式如同分批成本制度，因為都要回歸到第一章成本介紹章節中去探討。在第一章中，我們將產品成本分為直接和間接成本，分步成本制度下，直接成本係指直接材料的投入，而間接成本就是與產品有關的加工成本。如果對於分步成本制度非常熟悉，可以瞭解到在此制度下，常用到的成本報告單（見本章第三節）也是以直接材料與加工成本作為產品的處理流程。值得注意的是，這些材料是在製程中哪一階段投入會影響到成本的計算，而加工成本則是在製程中平均投入。

分步成本制度成本流程主要有連續式、平行式和選擇式，重要的是產品皆在工廠中部門間流轉。在連續式產品流程，產品處理過程是連續的透過一連串的生產步驟，如圖 3-1。平行式生產流程，產品線的生產工作通常是分別同時進行，最後再匯入最終一個或數個步驟，最後完成產品轉入製成品，如圖 3-2。而選擇式的生產流程通常視產品最終型態為何，選擇的生產部門即不同，如圖 3-3。

📖 圖 3-1　連續式產品流程

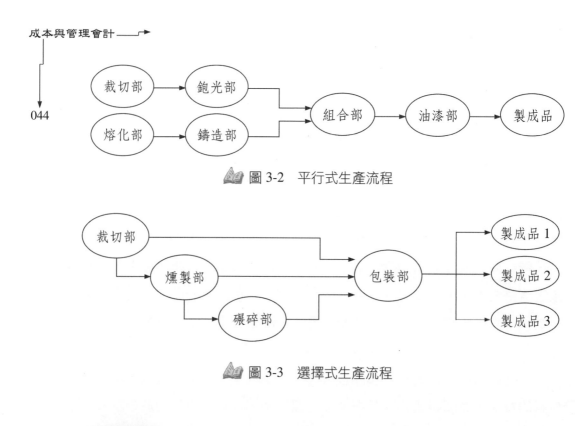

圖 3-2　平行式生產流程

圖 3-3　選擇式生產流程

第二節

分步成本制度的會計處理

在進行本節之前，對於分批成本制度下的會計處理要先行瞭解（見本書第二章）。分步與分批成本制度的會計處理都必須自第一章成本的分類去著手，兩種制度下都要考慮產品生產的流程，但是分步成本制度以部門作為產品生產的流程，也就是說，若產品成本可直接歸屬於成本（流程）標的，視為製程的一部分會借記在製品—部門。相關會計處理說明如下。

● 一、直接材料的會計處理

在此採用與第二章相同的循環流程，以便讀者能夠與分批成本制度作一對照。在此先預擬工廠相關情境，所生產產品假設需經熔化與鑄造程序，工廠中有熔化與鑄造部門，產品完工後轉到製成品再行銷售。

在工廠已接到客戶訂單情況下，為了產品的銷售先行購料，於是會計人員

在賒購情況下先作分錄，注意買入材料後直接材料的部分直接運到熔化與鑄造部，屬產品製程的一部分，間接材料則如同前章所作，視為實際發生借記製造費用統制帳。購買材料分錄如下：

```
材料          ×××
    應付帳款      ×××
```

有了材料之後，開始生產需要領用材料。領用材料可分為領用直接材料及間接材料，由於直接材料部分是從部門間領出的，假設自熔化部和鑄造部領用直接材料，所作分錄如下：

```
在製品－熔化部  ×××
在製品－鑄造部  ×××
    材料          ×××
```

若是領用的是間接材料，相同於分批成本的作法借記製造費用統制帳，借記此科目理由則與第二章相同，於是所作分錄為：

```
製造費用統制帳    ×××
    材料          ×××
```

● 二、人工成本的會計處理

有關人工成本的會計處理，主要是記錄薪工及薪工的分配。首先記錄薪工的發生，若未發放會貸記應付薪工，將應付薪工估列入帳，若已實際支付則貸記現金，於是先作此分錄：

```
薪工              ×××
    應付薪工（或現金）  ×××
```

記錄完薪工之後，接下來當然要將這些成本歸屬到相關部門或統制帳中進行直接或間接人工的分配。當進行薪工分配時，假設分配直接人工小時至熔化

部和鑄造部,則所作分錄如下:

```
在製品－熔化部   ×××
在製品－鑄造部   ×××
  薪工            ×××
```

如發生間接人工,與分批成本制度下分錄相同。值得注意的是,當我們借記製造費用統制帳時(材料、製造費用處理亦同),所強調的都是實際上所發生成本而非預計,分部與分批成本制度下都要在期初先預計相關製造費用成本,期末才作差異分析結轉,會計人員於是作下列分錄:

```
製造費用統制帳  ×××
  薪工          ×××
```

● 三、製造費用的會計處理

與製造費用相關的會計處理,包含了製造費用實際發生時的會計處理以及預計製造費用的分攤。

當製造費用實際發生時,借記製造費用統制帳,貸記相關部門明細帳(如折舊發生貸記累計折舊,相關保險支付先貸記預付保費等)。假設有折舊和保費發生,所作分錄如下:

```
製造費用統制帳  ×××
  累積折舊       ×××
  預付保險費     ×××
```

當然在此也必須如同分批成本制度一般彙總所有實際上(非預計)發生的製造費用總金額(借記製造費用統制帳含料工部分),以便在期末進行差異分析。

預計製造費用也要進行分配!上段中已將所有實際上發生製造費用彙計完成!會計人員在期初要確定預定的製造費用分攤率,再用此分攤率乘上該部門的活動量,即為該部門所應分配的預計製造費用。假設分攤至熔化以及鑄造部,則分錄如下:

```
在製品－熔化部      ×××
在製品－鑄造部      ×××
    已分配製造費用      ×××
```

　　會計程序進行到此，部門中（借記在製品—部門的科目）的料工費也都已記錄。

● 四、產品完工的會計處理

　　在部門間成本已在前段分別處理完成，由於分步成本制度強調的是產品在生產部門之間產品完工的移轉及最後完工產品結轉至製成品。

　　生產部門之間的移轉：假設所生產產品要經熔化部移轉至鑄造部，則在熔化部產品成本會移轉到鑄造部，所作分錄為：

```
在製品－鑄造部      ×××
    在製品－熔化部      ×××
```

　　現在產品都已到達鑄造部門，假設完工產品在經鑄造階段即已完工，完工後移轉至製成品，於是會作下列分錄：

```
製成品              ×××
    在製品－鑄造部      ×××
```

　　這時製成品成本已產生，截至產品銷售之前流程也完成了！之後這些成本會轉到銷貨成本，同時製造費用若有多或少分配也在此一併處理，相關會計處理與分批成本制度是相同的，在此則不再重複說明。

第三節

成本計算及編製生產成本報告單

　　編製方法有加權平均法和先進先出法。首先計算約當單位產量及約當單位

成本，之後再進行成本分配。編製過程如下所示。

範　例

蘆竹公司生產某種產品，經第一及第二、第三生產部連續製造，以下為第二生產部 20X2 年 12 月份有關數量及成本資料：

　　a.數量資料：

　　　由第一生產部於本月份轉來的數量 .... 100,000 件

　　　月初在製品（原料投入 80%，加工完成 60%）........................... 5,000 件

　　　本月製成轉入第三生產部的數量 .... 80,000 件

　　　月底在製品（原料投入 60%，加工完成 40%）..................... 15,000 件

　　　本月份損耗的數量（製成時發生、無殘值，其中 40%為非常損耗）

　　　... 10,000 件

　　b.成本資料：

　　　(a)期初在製品的成本：

　　　　第一生產部投入成本......................... $50,000

　　　　第二生產部原料成本.......................... 20,000

　　　　第二生產部人工成本.......................... 12,000

　　　　第二生產部製造費用............................ 9,000

　　　(b)本月份投入的各項成本：

　　　　第一生產部投入成本.................... $1,052,500

　　　　第二生產部原料成本......................... 534,400

　　　　第二生產部人工成本......................... 391,200

　　　　第二生產部製造費用......................... 327,000

　　試按：(1)加權平均法；(2)先進先出法，編製第二生產部門之生產成本報告單。

解　答

(1)加權平均法

	實際流量	約當產量 前部移轉成本	直接材料	加工成本
月初在製品	5,000			
第一部門本月轉入	100,000			
	105,000			
本月完成轉入次部	80,000	80,000	80,000	80,000
月底在製品	15,000	15,000	9,000	6,000
正常損失	6,000	6,000	6,000	6,000
非正常損失	4,000	4,000	4,000	4,000
	105,000	105,000	99,000	96,000

成本資料：	總　成　本	單位成本
期初在製品成本：		
前部成本：	$ 50,000	
本部成本：材　　料	20,000	
加工成本	21,000	
本期投入成本：		
前部成本：	1,052,500	$10.50
本部成本：材　　料	534,400	5.60
加工成本	718,200	7.70
合　　計	$2,396,100	$23.80

成本分配：

本月製成品成本：

負擔正常損壞前成本（$23.80 × 80,000）		$1,904,000
負擔正常損壞成本（$23.80 × 6,000）		142,800
		$2,046,800

月底在製品成本：

前部成本（$10.50 × 15,000）	$157,500	
原　　料（$5.60 × 9,000）	50,400	
加工成本（$7.70 × 6,000）	46,200	254,100
非常損壞品成本（$23.80 × 4,000）		95,200
合　　計		$2,396,100

(2)先進先出法

| | 實際流量 | 約 當 產 量 | | |
		前部成本	直接材料	加工成本
月初在製品	5,000	（5,000）	（4,000）	（3,000）
第一部本月轉入	100,000			
	105,000			
本月完成轉入次部	80,000	80,000	80,000	80,000
月底在製品	15,000	15,000	9,000	6,000
正常損失	6,000	6,000	6,000	6,000
非正常損失	4,000	4,000	4,000	4,000
	105,000	100,000	95,000	93,000

單位成本計算：	總 成 本	單位成本
本期投入成本：		
前部成本：	$1,052,500	$10.525
本部投入成本：		
材　料	534,400	5.625
加工成本	718,200	7.722
合　計		$23.872

成本分配：
(1)製成品轉入次部：
　①本月初在製品完成部分：
　　期初在製品成本　　　　　　　　　　　$91,000
　　本月增投成本：
　　　原　料（1,000 × $5.625）　　　　　5,625
　　　加工成本（2,000 × $7.722）　　　　15,444　　$ 112,069
　②本月生產本月製成部分：
　　$23.872 × 75,000　　　　　　　　　　　　　　1,790,400
　③負擔正常損壞品成本：
　　$23.872 × 6,000　　　　　　　　　　　　　　　143,232
　④尾數調整：　　　　　　　　　　　　　　　　　　　79
　　　　小　　計　　　　　　　　　　　　　　　　$2,045,780
(2)期末在製品成本：
　①前部成本（15,000 × $10.525）　　　$157,875
　②原　料（9,000 × $ 5.625）　　　　　50,625
　③加工成本（6,000 × $ 7.722）　　　　46,332　　254,832
(3)非常損壞品成本（4,000 × $23.872）　　　　　　95,488
　　　合　　計　　　　　　　　　　　　　　　　$2,396,100

第三章　習　題 ————————————

一、選擇題

(　　) 1.當產品的材質及生產過程之同質性高時，較適合企業採用之成本制度為下列
　　　　何種？　(A)分步成本制度　(B)分批成本制度　(C)變動成本制度　(D)混合
　　　　成本制度。

(　　) 2.有關分批成本制與分步成本制的差異，下列敘述，何者正確？　(A)分批成
　　　　本制多適用於製造業；分步成本制多適用於買賣業　(B)分批成本制適用於
　　　　產品間沒有差異的產業；分步成本制適用於產品間有其獨特性之產業
　　　　(C)分步成本制適用於產品之間無差異的產業；分批成本制適用於產品之間
　　　　差異大、有其獨特性之產業　(D)分批成本制適用於產品間差異不大，且不
　　　　是以批次生產的產品；分步成本制適用於具有獨特性且大量生產的產品。

(　　) 3.採用加權平均分步成本制計算加工約當單位成本時，下列何者非為必要的資
　　　　訊？　(A)本期投入的加工成本　(B)期初在製品加工完工程度　(C)期初在製
　　　　品的加工成本　(D)期末在製品加工完工程度。

(　　) 4.分步成本制下，計算部門轉出成本時，下列何種狀況將使得採用加權平均法
　　　　與採用先進先出法的計算結果沒有差異？　(A)當無期初存貨時　(B)當無期
　　　　末存貨時　(C)當期初存貨與期末存貨單位數相同時　(D)當期初存貨與期末
　　　　存貨，直接材料與加工成本之完工比例相同時。

(　　) 5.當中壢公司要將產品從組裝部門轉至測試部門時，其會計分錄為何？
　　　　(A)借：在製品—測試部門，貸：應付帳款　(B)借：存貨—組裝部門，貸：
　　　　在製品—測試部門　(C)借：在製品—測試部門，貸：在製品—組裝部門
　　　　(D)借：在製品—測試部門，貸：製成品—組裝部門。

(　　) 6.在桃園工廠的產品流程中，材料的處理係連續經過甲、乙、丙三個部門，並
　　　　以此作為成本歸結的目的，請問：乙部門對甲部門轉入的項目，依分步成本
　　　　制應做何處理？　(A)視為當期材料投入　(B)視為期初在製品存貨　(C)視為

期初製成品存貨　(D)視為當期加工成本。

（　）7.龜山公司採用分步成本制，且通常在完工程度60%設置檢查點。若該公司期末在製品存貨之完工程度為80%，則有關正常損壞及非常損壞之會計處理，請問：下列何者正確？　(A)正常損壞與非常損壞皆應計入當期完工產品的成本之中　(B)正常損壞與非常損壞的金額皆應於當期費用化　(C)正常損壞應計入當期完工產品的成本，而非常損壞應於當期費用化　(D)正常損壞應由當期完工的產品與期末仍在製的產品共同吸收，而非常損壞的成本則應於當期費用化。

（　）8.當企業之檢驗點設在完工程度 20%時，如某期間之期初在製品完工程度為30%，而期末存貨完工程度為40%，請問：下列對正常損壞品成本之分攤方式，何者錯誤？　(A)期初在製品不須分攤　(B)本期投入且完成單位須分攤　(C)期末在製品須分攤　(D)本期完成單位均須分攤。

（　）9.大園公司採用加權平均分步成本制，資料顯示該公司在八月份共完成了50,000 單位產品的生產，並有 5,000 單位的期末存貨，期末存貨的完工比例為 40%。與期初存貨有關的加工成本為$7,200,000，當月份投入的加工成本為$24,000,000。假設加工成本是在生產過程中平均發生，請問：大園公司的約當單位成本為多少？　(A)$461.60　(B)$480.00　(C)$567.20　(D)$600.00。

（　）10.八德公司採分步成本制，正常損壞為完好產品的8%，公司的檢驗點於完工50%時進行。10 月份期初在製品為 20,000 單位，完工程度為40%，期末在製品為 15,000 單位，完工程度為60%。若 10 月投入生產 50,000 單位，完工並轉出之完好品有 45,000 單位，請問：10 月份非常損壞單位數為多少？(A)4,800　(B)5,200　(C)6,000　(D)6,800。

二、計算題

1.平鎮公司採用分步成本會計制度，且其用料與加工程度一致，20X2 年第二生產部的生產資料如下：第一生產部轉來 3,000 件，本年完成？件；另外，20X1 年底在製品1,000 件，完工程度20%；20X2 年底在製品1,500 件，完工程度40%。試求：(1)本年第二生產部完成多少件？(2)第二生產部的約當產量在加權平均法與先進先出法下相差多少？

2. 大溪公司採分步成本制，其某月份之生產成本資料如下：

　a. 期初在製品 4,000 單位，材料已全數領用，施工程度 30%，耗用直接材料 $3,800，加工成本 $3,100。

　b. 該月份共投入直接材料 $8,100，加工成本 $2,900。

　c. 該月份完工製成品共計 6,000 單位。

　d. 期末在製品 2,500 單位，材料已全數領用，施工程度 40%。

　若大溪公司採用加權平均法，試求出：(1)約當產量；(2)單位成本；(3)製成品成本；(4)期末在製品成本。

3. 承上題，若大溪公司採用先進先出法，試求出：(1)約當產量；(2)單位成本；(3)製成品成本；(4)期末在製品成本。

4. 龍潭公司生產某產品，經甲、乙、丙三生產部連續製造，以下為乙生產部本年度 6 月份有關數量及成本資料：

　a. 數量資料：（單位）

月初在製品	5,000
由甲生產部於本月份轉來的數量	70,000
本月完工單位（其中 60,000 單位轉入丙生產部，8,000 單位存放乙生產部）	68,000
月底在製品	4,000
正常損失	3,000

　b. 成本資料：

　(a) 月初在製品

甲生產部投入成本	$13,130
乙生產部人工成本	500
乙生產部製造費用	100

　(b) 本月份發生的各項成本

甲生產部投入成本	$184,870
乙生產部人工成本	14,410
乙生產部製造費用	7,000

　設乙生產部製造過程中發生的損耗由該生產部本月份完工及月底在製品共同分擔，試按加權平均法編製乙生產部 6 月份的生產成本報告單。

5.新屋公司採分步成本制,其第一部門6月份生產資料如下:

a.成本資料:

	月初在製品	本月投入
材　　料	$8,000	$100,000
人　　工	7,080	60,000
製造費用	1,780	39,500

b.若採先進先出法,人工之單位成本為$1.20。

c.若採平均法,材料當產量為54,000件(材料於生產開始時即全部投入)。

d.若採平均法,製造費用之單位成本為$0.8。

e.若採平均法,本月轉入次部成本為$196,800。

f.人工及製造費用均勻發生。

g.期初在製品之完工程度為40%,無損失單位發生。

試問:(1)期初在製品之數量;(2)期末在製品加工成本之完工程度;(3)先進先出法移轉的次部成本。

三、簡答題

1.試比較分步成本制與分批成本制之異同。

第三章　解　答

一、選擇題

1.(A)　2.(C)　3.(B)　4.(A)　5.(C)　6.(A)　7.(D)　8.(D)　9.(D)　10.(B)

二、計算題

1.(1)列出數量表：

前部轉入	3,000
期初在製品（20%）	1,000
本期投入	4,000

本期完成	？	倒推得 2,500
期末在製品（40%）	1,500	
本期產出	4,000	

(2)計算約當數量：

平均法：$2,500 + 1,500 \times 40\% = 3,100$

先進先出法：$2,500 + 1,500 \times 40\% - 1,000 \times 20\% = 2,900$

相差：$3,100 - 2,900 = 200$

2.先列出數量表：

本期投入	4,500	倒推得 4,500
期初在製品（30%）	4,000	
本期共投入	8,500	
本期完成	6,000	
期末在製品（40%）	2,500	
本期產出	8,500	

(1)計算約當產量：

直接材料：$6,000 + 2,500 \times 100\% = 8,500$

加工成本：$6,000 + 2,500 \times 40\% = 7,000$

(2)計算單位成本：

	總成本	約當單位	單位成本
期初加本期投入成本			
直接材料	$11,900	8,500	$1.4
加工成本	6,000	5,000	1.2
			$2.6

(3)計算製成品成本：

製成品成本：$6,000 \times \$2.6 = \$15,600$

(4)計算期末在製品成本：

直接材料	$3,500	$(2,500 \times 100\% \times \$1.4)$
加工成本	1,200	$(2,500 \times 40\% \times \$1.2)$
	$4,700	

3.(1)約當產量：

直接材料：$6,000 + 2,500 \times 100\% - 4,000 \times 100\% = 4,500$

加工成本：$6,000 + 2,500 \times 40\% - 4,000 \times 30\% = 5,800$

(2)計算單位成本：

	總成本	約當單位	單位成本
期初在製品成本	$4,600		
本期投入成本			
直接材料	8,100	4,500	$1.8
加工成本	2,900	5,800	0.5
			$2.3

(3)計算製成品成本：

上期已投入		
直接材料	$3,800	
加工成本	3,100	$ 6,900
本期增投入		
直接材料	$ 0*	
加工成本	1,400**	1,400

本期投入本期完工   4,600***

製成品成本 $12,900

* $4,000 \times (1 - 100\%) \times \$1.8$

** $4,000 \times (1 - 30\%) \times \$0.5$

*** $2,000 \times \$2.3$

(4)計算期末在製品成本：

期末在製品成本

 直接材料 $4,500 $(2,500 \times 100\% \times \$1.8)$

 加工成本   500 $(2,500 \times 40\% \times \$0.5)$

期末在製品成本 $5,000

4. 提示：正常損耗只出現在數量表中，並不會影響成本的計算及分攤。

乙生產部

生產成本報告單

本年度 6 月份

數量表		約當產量		
	實際單位	前部	人工	製造費用
期初在製品	5,000			
前部轉入	70,000			
本期投入總量	75,000			
製成品：				
完工轉入本部門　60,000				
存放本部門　　　8,000	68,000	68,000	68,000	68,000
期末在製品（加工75%）	4,000	4,000	3,000	3,000
正常損壞（製造過程中發生）	3,000	-	-	-
本期產出總量	75,000	72,000	71,000	71,000

成本資料：

	總成本		約當量		單位成本
前部轉入：	$(13,130 + 184,870)$	÷	72,000	=	$2.75
人工：	$(500 + 14,410)$	÷	71,000	=	0.21
製造費用：	$(100 + 7,000)$	÷	71,000	=	0.10
總投入成本：	$220,010				$3.06

成本分攤：

製成品：

完工轉入丙部門：	$3.06×60,000	=	$183,600
存放本部門：	$3.06×8,000	=	24,480	$208,080

期末在製品：

前部轉入：	$2.75×4,000×100%	=	$ 11,000
人工：	0.21×4,000×75%	=	630
製造費用：	0.1×4,000×75%	=	300	11,930

總產出成本： $220,010

5.採平均法時，材料之約當產量為 54,000 件

採平均法時，製造費用之約當產量＝（$39,500＋$1,780）÷$0.8 = 51,600 件

採先進先出法時，人工之約當產量＝$60,000÷$1.2 = 50,000 件

完工製成品數量＝$196,800÷[$0.8＋（$8,000＋$100,000）÷54,000＋

（$7,080＋$60,000）÷51,600] = 48,000 件

又已知：

完工製成品＋期末在製品 = 54,000

完工製成品＋（期末在製品×完工程度%）－（期初在製品×40%）= 50,000

完工製成品＋（期末在製品×完工程度%）= 51,600

將完工製成品 48,000 代入，可分別求出：

期初在製品＝（51,600－50,000）÷40% = 4,000

(1)期末在製品 = 6,000 件

(2)期末在製品加工成本之完工程度 = 60%

(3)依照先進先出法：

材料單位成本＝$100,000÷（54,000－4,000）＝$2.0

人工單位成本＝$1.20

製造費用單位成本＝$39,500÷（51,600－4,000×40%）= 0.79

轉入次部成本＝（$8,000＋$7,080＋$1,780）＋（$2.0＋$1.20＋$0.79）×

（48,000－4,000）＋（$1.20＋$0.79）×4,000×（1－40%）

＝$197,196

三、簡答題

1. 相異處：

比較項目 ＼ 制度	分步成本制	分批成本制
(1)成本累積	成本按生產步序或部門來累積	成本按工作批次或特定訂單來累積
(2)成本單	生產成本報告單	分批成本單
(3)單位成本計算	特定期間歸屬於某一部門之總成本÷該批訂單的生產量	以成本單所彙集的總成本÷該批訂單的生產量
(4)計算基礎	單位成本以各個部門為計算基礎	單位成本會隨著訂單的不同而有變化
(5)適用情況	適用於連續性、大量生產之製造業，如水泥業、塑膠業及石化業等	適用於接受顧客訂單而生產的行業，如造船業
(6)在製品帳戶	在製品帳戶會因為加工部門的增加而增加	在製品帳戶只有一個

2. 相同處：

(1)最終目的：計算產品的單位成本。

(2)使用相同的會計科目：當原料、人工及製造費用投入時，借記在製品帳戶；產品製造完成時，再由在製品轉到製成品帳戶；產品出售時則由製成品轉至銷貨成本帳戶。

聯產品

第一節

聯產品的意義

所謂聯產品是指同一資源或是相同的材料經過相同的過程,而產生兩種或是兩種以上的產品。此產品有下列特色:

1. 產品與其他主產品居同等重要地位。
2. 產品為生產的主要目標。
3. 價值相較於其他產品高。

第二節

聯合成本及產品製造流程

聯合成本是在同一製程中所產生多樣產品的成本,為分離點之前所發生的成本。聯合成本不可分割,為所有產品的總數,而非單一產品的個別成本。

至於有關產品製造流程,以圖 4-1 說明之。

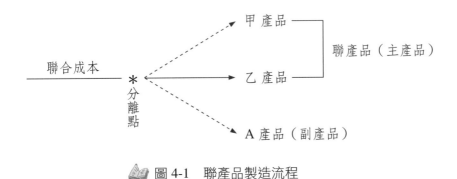

📖 圖 4-1 聯產品製造流程

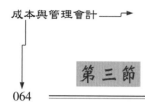
第三節

聯產品的會計處理

要分攤聯合成本至聯產品的方式主要有市價法、平均單位成本法、加權平均法以及數量或實體單位法，說明如下。

● 一、市價法

市價法是依聯產品在分離點的總市價為基礎，依其相對市價比例來分攤聯合成本。此法是用在聯產品在分攤點可銷售的情況。若是聯產品在分攤點無法銷售，則採用假定市價法。假定市價法將是分離點之後的加工成本從最後售價中減除以推得假定的市價。

● 二、平均單位成本法

在平均單位成本法之下，每一產品是在相同的製程中產生，所以用生產單位的比例來分攤聯合成本。通常此法是用在產品彼此間的市價差異不大時使用。

● 三、加權平均法

在加權平均法之下，則是以產量乘上加權因素之後，作為分攤聯合成本至產品的基礎。

● 四、數量或實體單位法

在數量或實體單位法之下，要將聯產品的衡量單位轉換為共同的衡量單位，如磅或是其餘的衡量基礎，應該化為一致。

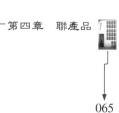
● 五、綜合釋例

範 例

梓官公司經過相同的製造程序之後,發生聯合成本\$60,000,同時生產 A、B、C、D 四種聯產品,資料如下:

聯產品	產品產量	分離點單位售價	單位重量	權數	分離點後加工成本	加工後每單位售價
A	40,000	\$3	5 斤	4	\$ 3,000	\$3
B	30,000	2	4 斤	5	50,000	5
C	20,000	2	3 斤	5	60,000	2
D	30,000	1	2 斤	6	40,000	4

試按各種方法分攤聯合成本。

解 答

⑴分離點市價法

聯產品	產 量	單位售價	總市價	產品價值占總市價的比例	聯合成本之分攤
A	40,000	\$3	\$120,000	48%	\$28,800
B	30,000	2	60,000	24	14,400
C	20,000	2	40,000	16	9,600
D	30,000	1	30,000	12	7,200
合 計			\$250,000	100%	\$60,000

(2)假定市價法

聯產品	最終單位售價	產 量	最終市價	分離點後加工成本	假定市價	聯合成本之分攤
A	$3	40,000	$ 120,000	$ 3,000	$117,000	$22,145
B	5	30,000	150,000	50,000	100,000	18,927
C	4	20,000	80,000	60,000	20,000	3,786
D	4	30,000	120,000	40,000	80,000	15,142
合 計			$470,000	$153,000	$317,000	$60,000

(3)平均單位成本法

產 品	產 量	聯合成本的分攤
A	40,000	$20,000
B	30,000	15,000
C	20,000	10,000
D	30,000	15,000
合 計	120,000	$60,000

(4)加權平均法

產 品	單位數 ×	權數 =	加權單位數 ×	每單位成本=	聯合成本的分攤
A	40,000	4	160,000	$0.1016949	$16,271
B	30,000	5	150,000	0.1016949	15,254
C	20,000	5	100,000	0.1016949	10,170
D	30,000	6	180,000	0.1016949	18,305
			590,000		$60,000

(5)實體單位法（按重量比例）

產 品	產量（斤）	比 例	聯合成本的分攤
A	200,000	.45	$27,000
B	120,000	.27	16,200
C	60,000	.14	8,400
D	60,000	.14	8,400
合 計	440,000		$60,000

副產品

　　副產品（By-product）係指在某一相同製造過程所產出之產品，其價值相對較低者，即較主要產品的價值為偏低。副產品的例子，如：鋸木廠的鋸末、海水淡化廠的鹽、穀物收割後的稻草或提煉原油後產生的瀝青。

　　企業若無法分別辨認同時產出之各種產品之成本，則宜按合理且一致之基礎分攤。企業所採分攤基礎可能基於各類產品於可分離辨認之生產階段或完工階段之售價。副產品之價值若非重大，得按淨變現價值評價，剩餘成本則歸屬於主產品。

　　副產品之處理方法：

1.產出時

　　分離點產出時即認列副產品價值，列為存貨，分攤聯合成本。

(1)回溯成本法或市價法

　　副產品應分攤之聯合成本＝估計最終銷售價值－估計分離後加工成本－估計銷管費用－正常利潤

(2)淨銷售價值法

　　副產品應分攤之聯合成本＝估計最終銷售價值－估計分離後加工成本－估計銷管費用

2.銷售點

　　出售時才認列副產品價值，不分攤聯合成本。

(1)總收益認定法

　　將副產品之銷貨收入列入損益表，作為其他收入、額外銷貨收入、銷貨成

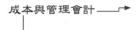

本減項、主產品成本減項。

(2)淨變現價值法

將副產品之銷貨收入減除副產品之銷管費用、加工成本後,列入損益表,作為其他收入、銷貨收入、銷貨成本減項、主產品成本減項。

(3)重置成本法

若副產品可作為其他部門之原料,則以副產品當時之重置成本作為主產品成本減項。

範 例

　　燕巢公司於生產過程中產出 350 單位副產品,該產品後續加工處理後以單位售價 $10 出售,副產品之加工及銷管成本共計$1,000。若燕巢公司對副產品之會計處理採「淨變現價值法」,請問:當副產品與主產品分離時,其分錄為何?

解 答

借:副產品存貨　　　　　　　2,500

　　貸:在製品　　　　　　　　　　2,500

$10 \times 350 - \$1,000 = \$2,500$

第四章 習 題

一、選擇題

( ) 1. 中油公司使用原油提煉汽油及柴油,則原油之成本稱為汽油及柴油之:
(A)直接成本 (B)主要成本 (C)聯合成本 (D)加工成本。

( ) 2. 有關「副產品」,下列敘述,何者錯誤? (A)廢料的一種 (B)產量較少、價值較低 (C)製造某種主產品所附帶產生 (D)產品銷售對於公司盈虧的影響很微小。

( ) 3. 在副產品不分攤成本的情況下,下列副產品收入之處理方法,何者有誤?
(A)列為其他收入 (B)列為額外銷貨收入 (C)列為主產品銷貨成本之減項
(D)列為主產品總成本之加項。

( ) 4. 有關「聯產品成本分攤之主要目的」,下列敘述,何者正確? (A)分析成本習性 (B)進行成本之直接歸屬 (C)進行後續應加工與否之非例行性決策
(D)計算各聯產品之銷貨成本與存貨金額。

( ) 5. 有關「聯合成本分攤方法」,下列敘述,何者正確? (A)產量法(Physical units method)下各種聯合產品的毛利率皆相同 (B)分離點售價法(Sales value at splitoff method)並不假設聯合產品需進一步加工為其他產品 (C)淨變現價值法(Net realizable value method)假設最終產品售價應根據分離成本加成 (D)固定毛利率淨變現價值法(Constant gross-margin percentage NRV method)不考慮分離成本。

( ) 6. 有關「採實體衡量法來分攤聯合成本」,下列敘述,何者正確? ①此法係以各聯產品的銷售量相對比例進行分攤 ②分離點時若各聯產品單位售價差異愈大,則計算而得之各產品毛利率愈合理 ③各聯產品的衡量單位可能不一致,是此法的缺點之一 (A)① (B)② (C)③ (D)①③。

( ) 7. 下列何者為聯產品在分離點直接出售或繼續加工之決策準則? (A)繼續加工之總收入大於直接出售之總收入時,應選擇繼續加工 (B)繼續加工之增

額收入大於繼續加工所增加之變動成本時，應選擇繼續加工　(C)繼續加工之增額收入大於繼續加工之增額成本時，應選擇繼續加工　(D)分離點後的可免固定成本大於直接出售之總收入，應選擇直接出售。

（　）8. 苓雅公司經由一個聯合製程生產出甲、乙、丙三種產品，產量分別為120,000、80,000、200,000件，聯合成本為$8,000,000。分離點後，三種產品皆需額外加工才能出售，加工成本：甲、乙、丙分別為$1,600,000、$4,000,000、$6,400,000。若甲、乙、丙加工後銷售價值分別為$6,400,000、$9,600,000、$16,000,000。若苓雅公司採「淨變現價值法」分攤聯合成本，請問：甲產品之生產成本為多少？　(A)$1,920,000　(B)$3,520,000　(C)$4,000,000　(D)$6,400,000。

（　）9. 楠梓公司在經由共同製程生產出甲、乙兩種聯產品，兩者在分離點後進一步各自加工的總成本為$2,040,000，甲產品和乙產品兩者加工完成後的最終銷售價值總計為$5,100,000，其餘有關資料如下：

	甲產品	乙產品
分攤之聯合成本	？	$693,600
分離點後之個別成本	$1,020,000	？
最終銷售價值	？	2,040,000

楠梓公司對於聯合成本之分攤採市價基礎（非產量基礎），且假設各產品之毛利率皆同。若採上述方法與假設，請問：甲產品需分攤多少的聯合成本？(A)$1,496,000　(B)$1,550,400　(C)$2,040,000　(D)$2,570,400。

（　）10. 小港公司生產兩種主要產品甲和乙，兩產品相關資料如下：

產品	生產量	分離點後額外成本	銷售量	銷售價格
甲	125,000	$210,000	120,000	$90
乙	175,000	$9,600,000	150,000	$160

小港公司採用固定毛利率淨變現價值法，若共同製程中的聯合成本總計$10,600,000，請問：產品乙需分攤多少聯合成本？　(A)$3,840,000　(B)$4,476,000　(C)$4,960,000　(D)$6,822,000。

二、計算題

1. 田寮食品公司使用相同的原料，聯合生產三種麵筋罐頭。聯合成本每年為
   $1,200,000。公司按照聯產品在分離點時的總銷售價值來分攤聯合成本。聯產品的
   資料如下：

聯產品	每公斤售價	每年產量
麵筋甲	$39	30,000 公斤
麵筋乙	16	80,000 公斤
麵筋丙	25	40,000 公斤

每一種產品在分離點時均可出售或繼續加工，但繼續加工並不需要特別的設備。若
麵筋甲繼續加工可成為土豆麵筋；麵筋乙繼續加工可成為香菇麵筋；麵筋丙繼續加
工可成為鮪魚麵筋。每一種產品繼續加工成本和加工後的銷售價格如下所示：（年
資料）

加工後聯產品	加工成本	每公斤售價
土豆麵筋	$200,000	$45
香菇麵筋	290,000	20
鮪魚麵筋	210,000	30

試求：在分離點時，哪些產品應該出售？哪些產品應該繼續加工？

2. 旗山公司聯產品有 A、B 及 C，其聯合成本之分攤，按達分攤點時各產品之售價為
   基礎。其他有關資料如下：

	產	品		
	A	B	C	合　計
生產單位	6,000	4,000	2,000	12,000
聯合成本	$72,000	z	t	$120,000
分離點售價	x	y	$30,000	$200,000
分離點後加工成本	$14,000	$10,000	$6,000	$30,000
加工後售價	$140,000	$60,000	$40,000	$240,000

試求出 x、y、z、t 的值。

3. 大樹公司生產 A、B、C 三種聯產品，其聯合成本為 $100,000。A、C 兩種產品在分離點後繼續加工，B 產品則否。有關資料如下：

產品	重量	銷貨收入	分離後加工成本
A	300,000 磅	$245,000	$200,000
B	100,000 磅	30,000	無
C	100,000 磅	175,000	100,000

試求：

(1) 假設公司採用相對價值分離聯合成本，則 A、B、C 三產品之純利各為若干？

(2) 若公司在分離點即把產品出售，其收入為 A：$50000，B：$30,000，C：$60,000。請計算三種產品之純利（個別計算）。

(3) 若公司下年度預期生產和銷售同樣多的產品及數量，請問公司能否藉改變分離點後的加工政策而增加淨利？如果能，哪些產品應再加工？哪些不應再加工？A、B、C 之總淨利多少？（假定分離點後加工）

4. 茄莄公司製造 A、B 兩種產品與另一副產品，其聯合產品 A、B 係用產量法於分離點時予以分離，副產品則用回溯成本法（Reversal Cost）貸記聯合成本。有關成本資料如下：

分離點前成本：直接材料	$50,000
直接人工	10,000
製造費用	5,000
合　　計	$65,000
分離點時產量：A 產品	3,000 單位
B 產品	2,000 單位
副產品	1,000 單位
分離點後增加之成本：A 產品－直接人工	$10,000
製造費用	$10,000
B 產品－直接人工	$20,000
製造費用	$15,000
副產品－製造費用	$2,500

副產品銷售利潤為售價的 10%，推銷費用 $1,500。各產品單位售價：A 產品 $200，B 產品 $400，副產品 $10。試求 A、B 產品之單位成本若干？

5.安定公司製造甲、乙種產品與另一副產品，其聯合產品甲、乙係用假定市價法於分
離點時予以分離，副產品則用回溯成本法分攤聯合成本。聯合成本為$65,000。其他
相關成本資料如下：

分離點時產量：甲產品	2,000 單位
乙產品	4,000 單位
副產品	1,000 單位
加工成本：甲產品	$150,000
乙產品	$250,000
副產品	$3,500

副產品銷售利潤為售價的 5%，推銷費用$500。各產品單位售價：甲產品$300，乙
產品$200，副產品$20。另外，甲產品銷售 1,200 單位，乙產品銷售 800 單位。試
求甲、乙產品之單位成本及淨利各為何？

第四章　解　答 —————————————————

一、選擇題

1.(C)　2.(A)　3.(D)　4.(D)　5.(B)　6.(C)　7.(C)　8.(B)　9.(B)　10.(C)

二、計算題

1. 比較加工後所增加的價值與加工所花的成本：

土豆麵筋：（$45 −$39）×30,000 ＝$180,000 ＜$200,000，應立即出售

香菇麵筋：（$20 −$16）×80,000 ＝$320,000 ＞$290,000，應繼續加工

鮪魚麵筋：（$30 −$25）×40,000 ＝$200,000 ＜$210,000，應立即出售

在分析立即出售或繼續加工的決策時，聯合成本為沉沒成本（第十三章中有更詳細

說明），並不會影響決策的進行。

須考慮的是：產品若加工後，所增加的價值與加工成本的比較。若產品加工後所增

加的價值大於加工成本，表示加工後有利可圖；反之，則不應加工。故田寮食品公

司中之麵筋產品只有香菇麵筋罐頭應繼續加工。

2. $x =$ A 產品分離點售價，則 $\dfrac{x}{\$200,000} \times \$120,000 = \$72,000$，$x = \$120,000$

$y =$ B 產品分離點售價＝$200,000 −$120,000 −$30,000 ＝$50,000

$z =$ B 產品分離的聯合成本＝$120,000 × $\dfrac{\$50,000}{\$200,000}$ ＝$30,000

$t =$ C 產品分離的聯合成本＝$120,000 × $\dfrac{\$30,000}{\$200,000}$ ＝$18,000，或

＝$120,000 −$72,000 −$30,000 ＝$18,000

3.(1)

產品	銷貨收入	分離後加工成本	分離點假定市價	比例	聯合成本	純利
A	$245,000	$200,000	$45,000	30%	$30,000	$15,000
B	30,000	0	30,000	20%	20,000	10,000
C	175,000	100,000	75,000	50%	50,000	25,000
	$450,000	$300,000	$150,000	100%	$100,000	$50,000

(2)假設以市價法分攤聯合成本：

產品	售價	比例	聯合成本	純利
A	$50,000	5/14	$ 35,714	$14,286
B	30,000	3/14	21,429	8,571
C	60,000	6/14	42,857	17,143
	$140,000		$100,000	$40,000

(3)

產品	加工增加之收入	加工增支成本	淨利增（減）數	再加工與否
A	$195,000	$200,000	$ (5,000)	不
B	$0	$0	$0	不
C	$115,000	$100,000	$15,000	再加工

總淨利＝（$50,000＋$30,000＋$175,000）－（$100,000＋$100,000）

　　　＝$55,000

4.先求副產品應分攤的聯合成本：

副產品銷貨收入（$10×1,000）		$10,000
減：銷貨利潤（$10,000×10%）	$1,000	
推銷費用	1,500	
分離點後加工成本	2,500	5,000
應貸記聯合成本之金額		$5,000

主產品之聯合成本＝$65,000－$5,000＝$60,000

產 品	產 量	比 例	分攤 聯合成本	分離點後 加工成本	總成本	單位成本
A	3,000	60%	$36,000	$20,000	$56,000	$18.67
B	2,000	40%	24,000	35,000	59,000	$29.50
	5,000	100%	$60,000	$55,000	$115,000	

5.先求副產品應分攤的聯合成本：

副產品銷貨收入（$20×1,000）		$20,000
減：銷貨利潤（$20,000×5%）	$1,000	
推銷費用	500	
分離點後加工成本	3,500	（5,000）
應貸記聯合成本之金額		$15,000

產 品	銷售價值	加工成本	假定市價	比 例	分攤 聯合成本	總成本	單位成本
甲	$600,000	$150,000	$450,000	45%	$22,500	$172,500	$86.250
乙	800,000	250,000	550,000	55%	27,500	277,500	$69.375
	$1,400,000	$400,000	$1,000,000	100%	$50,000	$450,000	

產 品	銷售收入	銷貨成本	淨 利
甲	$600,000	$150,000	$450,000
乙	800,000	250,000	550,000
	$1,400,000	$400,000	$1,000,000

第五章

服務部門的成本分攤

成本分攤的意義

　　成本分攤係指累積成本至成本標的，而成本標的可能是某一部門或某一產品，透過成本分攤，可以使資源作有效的利用，達到成本控制及訂定價格的目的，方便於作損益分析及制定經濟決策。

　　要作成本分攤的成本項目，通常在其本質上無法直接歸屬於該產品，或是一些歸屬有困難的情形。

服務部門成本分攤的基礎

　　在進行分攤服務部門成本的過程，通常將成本劃分為固定成本與變動成本，變動成本依預計分攤率（如工時或機器小時）予以分攤。而有關固定成本的部分，則依預計的成本分攤給生產部門。將服務部門分攤給生產部門的過程，則依成本基礎予以分配。而分攤的基礎則可將部門成本彙集於單一成本庫，不將固定或是變動成本予以劃分，或是將成本彙集於兩個或兩個以上的成本庫，其中一個成本庫為固定，其他成本庫則為變動，而固定成本庫依預計數量予以分攤，變動成本庫則依實際數量予以分攤。前者為單一分攤率法，後者則為多重分攤率法。

範　例

　　百欣公司有一服務部以及 A、B 兩個生產部門，其中服務部在 1 月份所發生的固定成本為$5,000，而變動成本則為每小時$3。假設在 1 月份裡發生 A、B 兩個部門服務量為：A 為 2,000 小時；B 為 3,000 小時。而 2 月份中，A 部門服務量為 4,000 小時；B 為 1,000 小時。試以單一分攤率及多重分攤率予以分攤 1 月份的服務成本。

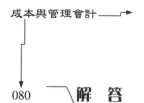

解 答

(1)在單一分攤率之下

$$\left.\begin{array}{l} \text{在 1 月份所發生固定成本為}\$5,000 \\ \text{變動成本為}\$3 \times 5,000 \text{ 小時}=\$15,000 \end{array}\right\}\text{成本為}\$20,000$$

分攤至 A 部門：$\$20,000 \times \dfrac{2}{5} = \$ 8,000$

B 部門：$\$20,000 \times \dfrac{3}{5} = \$12,000$

(2)在多重分攤率之下

1 月份所發生固定成本 A 為 $\$5,000 \times \dfrac{6,000}{10,000} = \$3,000$

B 為 $\$5,000 \times \dfrac{4,000}{10,000} = \$2,000$

變動成本 A 為 $\$3 \times 2,000$ 小時 $= \$6,000$

B 為 $\$3 \times 3,000$ 小時 $= \$9,000$

則 A 部門分攤的成本為 $\$ 9,000$

B 部門分攤的成本為 $\$11,000$

第三節

服務部門成本分攤的方法

　　服務部門成本分攤的方式有直接法、階梯法及代數分攤法。直接法是將服務部門成本直接分攤至生產部門，服務部之間的成本並不相互分攤。階梯法是服務部門由最大部門開始，以階梯式的方式分攤至生產及其他服務部，分配完成即不再予以分攤。代數法則依服務部門彼此之間的比例予以分攤。

範　例　　　　　　　　　　　　　　　　　　　　　　　　　　　081

遠東百貨公司 1 月份製造費用預算如下：

部門直接費用	固定或變動	服務部門		生　產　部　門			合　計
		甲	乙	丙	丁	戊	
間接人工	變　動	$3,500	$ 500	$4,000	$ 300	$1,700	$10,000
材　料	變　動	1,000	450	2,500	—	1,050	5,000
折　舊	固　定	2,500	350	2,250	200	1,250	6,550

部門間接費用

| 租　金 | 固定（按廠房面積比例分攤） | | | | | | $10,000 |
| 動　力 | 固定（按機器小時分攤） | | | | | | 5,000 |

其他資料：

面積（坪）		100	200	300	300	100	
機器（小時）				2,000	4,000	2,000	
直接人工（小時）				1,000	2,000	3,000	
部門製造費用分攤基礎				人工小時	機器小時	機器小時	

服務比例

| 甲　部 | | — | 20% | 20% | 40% | 20% | |
| 乙　部 | | 10% | — | 30% | 45% | 15% | |

試作：按各種方法計算各生產部門製造費用分攤率。

解 答

(1)部門間接費用分攤

	服務部門		生產部門			
	甲	乙	丙	丁	戊	合 計
部門直接費用：						
間接人工	$3,500	$ 500	$4,000	$ 300	$1,700	$10,000
材　　料	1,000	450	2,500	—	1,050	5,000
折　　舊	2,500	350	2,250	200	1,250	6,550
部門間接費用：						
租　　金	1,000	2,000	3,000	3,000	1,000	10,000
動　　力	—	—	1,250	2,500	1,250	5,000
各　部　門						
製造費用總額	$ 8,000	$ 3,300	$ 13,000	$ 6,000	$ 6,250	$ 36,550

(2)服務部門費用之分攤

①梯形分攤法

	甲	乙	丙	丁	戊	合 計
分攤前製費總額	$8,000	$3,300	$13,000	$6,000	$6,250	$36,550
服務部門費用分攤：						
甲部門($\frac{1}{5},\frac{1}{5},\frac{2}{5},\frac{1}{5}$)	(8,000)	1,600	1,600	3,200	1,600	
乙部門($\frac{30}{90},\frac{45}{90},\frac{15}{90}$)		(4,900)	1,633	2,450	817	
分攤後製費總額	$ 0	$ 0	$ 16,233	$11,650	$ 8,667	$ 36,550
分攤基礎			1,000 小時	4,000 小時	2,000 小時	
製造費用分攤率			$ 16.233	$2.9125	$ 4,334	

②直接分攤法

	甲	乙	丙	丁	戊	合　計
分攤前製費總額	$8,000	$3,300	$13,000	$6,000	$6,250	$36,550
服務部門費用分攤：						
甲部門（$\frac{2}{8},\frac{4}{8},\frac{2}{8}$）	(8,000)		2,000	4,000	2,000	
乙部門（$\frac{1}{3},\frac{1}{2},\frac{1}{6}$）		(3,300)	1,100	1,650	550	
分攤後製費總額	$　0	$　0	$16,100	$11,650	$8,800	$36,550
分攤基礎			1,000 小時	4,000 小時	2,000 小時	
製造費用分攤率			$16.10	$2.9125	$4.40	

③代數分攤法

$$\left.\begin{array}{l}甲=8,000＋乙\times10\% \\ 乙=3,300＋甲\times20\%\end{array}\right\} 甲＝\$8,500 ; 乙＝\$5,000$$

	甲	乙	丙	丁	戊	合　計
分攤前製費總額	$8,000	$3,300	$13,000	$6,000	$6,250	$36,550
服務部門費用分攤：						
甲（$\frac{1}{5},\frac{1}{5},\frac{2}{5},\frac{1}{5}$）	(8,500)	1,700	1,700	3,400	1,700	
乙（$\frac{10}{100},\frac{30}{100},\frac{45}{100},\frac{15}{100}$）	500	(5,000)	1,500	2,250	750	
分攤後製費總額	$　0	$　0	$16,200	$11,650	$8,700	$36,550
分攤基礎			1,000 小時	4,000 小時	2,000 小時	
製造費用分攤率			$16.20	$2.9125	$4.35	

第五章 習 題————————

一、選擇題

*外埔公司之成本資料如下：

	服務部門		生產部門	
	X	Y	A	B
分配前製造費用	$200,000	$100,000	$200,000	$300,000
員工人數		5,000	10,000	25,000
面積（坪）	10,000		50,000	40,000

試問：

（　）1. 服務部門 X、Y 在直接分攤方法之下，A、B 所分得之製造費用分別為？
(A)$312,699 及$487,301　(B)$319,444 及$480,556　(C)$316,456 及$483,544
(D)$316,456 及$312,699。

（　）2. 在何種分攤方法之下，生產部門 A 所分攤的製造費用金額最大？　(A)直接
法　(B)梯形法　(C)代數分攤法　(D)皆同。

（　）3. 在梯形法之下：　(A)已分攤完畢之部門仍可繼續分攤至其他部門　(B)已分
攤完畢之服務部門就不再分攤至其他部門　(C)以上皆非　(D)以上皆可。

*沙鹿公司基本資料如下：

		提供服務	
部　　門	服務部門分攤前之製造費用	部門丙	部門丁
生產部甲	$6,000	40%	20%
生產部乙	8,000	40%	50%
服務部丙	3,630	—	30%
服務部丁	2,000	20%	—
製造費用合計	$19,630	100%	100%

試問：

（　）4.將服務部門的成本直接分攤給生產部門，之後不再分給其他部門的分攤方式
為：　(A)直接法　(B)梯形法　(C)代數分攤法　(D)以上皆非。

（　）5.在上述方法之下，生產部門甲、乙所能分攤的製造費用為：　(A)$6,000 及
$8,000　(B)沒有一定　(C)$8,386 及$11,244　(D)以上皆非。

（　）6.在梯形分攤法之下，生產部門甲、乙所能分得的製造費用為：　(A)$6,000
及$8,000　(B)$8,386 及$11,244　(C)甲、乙合計為$19,630　(D)以上皆非。

（　）7.服務部門的成本分攤至營運部門時，若是以服務部門的實際成本予以分攤，
而非以服務部門的預計或標準成本分攤，則下列敘述，何者正確？　(A)有
助於公平合理地衡量各部門績效　(B)服務部門將自行承擔服務部門的不利
成本差異　(C)服務部門缺乏效率所增加的成本，將會分攤給營運部門　(D)
營運部門可以事先評估並規劃對服務部門之資源耗用。

（　）8.有關「服務部門成本分攤」，下列敘述，何者錯誤？　(A)相互分攤法在概
念上是最精確的，因為它考慮了所有服務部門之間提供的相互服務　(B)直
接法相對簡單，但隨著資訊科技的進步與計算能力的提升，愈來愈多公司發
現已經較容易執行相互分攤法　(C)隨著各營業部門對各服務部門服務使用
量的差異提高，三種服務部門分攤方法的差異也會增加　(D)採用梯形法必
須選擇部門間分攤之順序，應該按服務部門原始成本的高低排列，從原始成
本最高的服務部門開始分攤。

（　）9.當南屯公司分攤服務部門成本時，使用單一分攤率法相較於雙重分攤率法，
下列何者正確？　①單一分攤率法執行成本較低　②單一分攤率法會使營業
部門藉由控制使用量而節省分攤成本　③單一分攤率法會促使營業部門主管
採用對企業整體一樣有利的決策　④單一分攤率法會依據預計使用量乘上預
計費率計算成本　(A)僅①②　(B)僅①③　(C)僅②④　(D)僅③④。

（　）10.和平律師事務所有 12 位合夥律師與 10 位助理，直接與間接成本依合夥律師
與助理的專業人工小時數計算，下列為 20X2 年度資訊：

	預算	實際
間接成本	$5,400,000	$6,000,000
律師年薪（每位）	$2,000,000	$2,200,000
助理年薪（每位）	$580,000	$600,000
專業人工小時數合計	50,000 直接人工小時	60,000 直接人工小時

在實際成本法下，若對某客戶的服務需 200 個直接人工小時，請問：該批服務的成本為多少？ (A)$100,000　(B)$128,000　(C)$139,200　(D)$149,600。

二、計算題

1. 台北公司正以直接人工小時為基礎，為兩生產部門（成型及裝配部）制定部門製造費用率。成型部僱用員工 20 名，裝配部僱用員工 80 名。在此部門中有每人每年工作 2,000 小時，成型部預計與生產有關之製造費用$200,000、裝配部$320,000，兩服務部門（修理及動力部）直接支援兩生產部門，預計製造費用依次為$48,000 及 $250,000，生產部門之製造費用率在服務部門之成本正確分攤以前，無法確定。下列明細表顯示各部門對修理及動力部產出之利用。

| | 部　　門 | | | |
	修　理	動　力	成　型	裝　配
修理小時	－	1,000	1,000	8,000
小時	240,000	－	840,000	120,000

試作：利用相互分攤法（有時稱為代數法）分攤服務部門成本於生產部門，並為成型部及裝配部計算每一直接人工小時之製造費用率。

2. 服務部門成本分攤法——代數方法及梯形分攤法：

大里公司設有三個生產部及兩個服務部，20X2 年 10 月份，個別部門之直接部門費用及兩個服務部對其他部門的貢獻比率如下：

部　門　別	直接部門費用	A 服務部的貢獻比率	B 服務部的貢獻比率
甲生產部	$400,000	20%	50%
乙生產部	300,000	20%	30%
丙生產部	200,000	20%	10%
A 服務部	200,000	－	10%
B 服務部	64,000	40%	－

試根據上述資料：

(1)按方程式計算法（代數方法），編製服務部門費用分攤表。

(2)按個別消滅法（梯形分攤法），編製服務部門費用分攤表。

3.石岡公司有關製造費用的預算如下：

| | 服　務　部 | | | 生　產　部 | |
	子	丑	寅	甲	乙
部門別費用……	$560,000	$744,000	$484,000	$320,000	$260,000
服務比例：					
子部…………	—	10%	20%	40%	30%
丑部…………	20%	—	10%	35%	35%
寅部…………	—	10%	—	60%	30%

試根據上述資料：

(1)按直接分攤法，編製服務部門費用分攤表。

(2)在直接分攤法下，假設甲部門採機器工時 53,400 小時作為分攤基礎，計算甲部門的預計分配率。

(3)按階梯分攤法編製服務部門費用分攤表，分攤次序為子、丑、寅。

第五章 解答

一、選擇題

1.(A)　2.(B)　3.(B)　4.(A)　5.(C)　6.(C)　7.(C)　8.(D)　9.(A)　10.(B)

二、計算題

1.

		部　　門		
	修　理	動　力	成　型	裝　配
部門成本	$48,000	$250,000	$200,000	$320,000
分攤服務部門成本				
修理（1/10,1/10,8/10）	(100,000)	10,000	10,000	80,000
動力（2/10，7/10，1/10）	52,000	(260,000)	182,000	26,000
總製造費用			$392,000	$426,000
人工小時			40,000	160,000
每一直接人工小時				
製造費用率			$9.8	$2.6625

對服務部門之間關係之代數方程式：

R = 修理部

P = 動力部

$R = \$48,000 + 0.2P$

$P = \$250,000 + 0.1R$

$R = \$48,000 + 0.2（\$250,000 + 0.1R）= \$48,000 + \$50,000 + 0.02R$

$0.98R = \$98,000$

$R = \$100,000$

P = $250,000 + 0.1 ×（$100,000）

P = $260,000

2.(1)方程式計算法（代數方法）：

設 X＝A 服務部分攤後總成本；Y＝B 服務部分攤後總成本

則 X＝$200,000 + 10%Y
Y＝$64,000 + 40%X $\left.\right\}$ ⇒X＝$215,000；Y＝$150,000

	部　　　門					合　計
	A	B	甲	乙	丙	
分攤前製造費用	$200,000	$64,000	$400,000	$300,000	$200,000	$1,164,000
A 部門分配	（215,000）	86,000	43,000	43,000	43,000	
B 部門分配	15,000	（150,000）	75,000	45,000	15,000	
分攤後製造費用	$　　0	$　　0	$518,000	$388,000	$258,000	$1,164,000

(2)個別消減法（梯形分攤法）：

B 部門貢獻生產部比例最大占 90%，應先分配。

	部　　　門					合　計
	A	B	甲	乙	丙	
分攤前製造費用	$200,000	$64,000	$400,000	$300,000	$200,000	$1,164,000
B 部門分配	6,400	（64,000）	32,000	19,200	6,400	
A 部門分配	（206,400）		68,800	68,800	68,800	
分攤後製造費用	$　　0	$　　0	$500,800	$388,000	$275,200	$1,164,000

3.(1)

	服　　務　　部			生　產　部	
	子	丑	寅	甲	乙
部門別費用…………	$ 560,000	$ 744,000	$ 484,000	$ 320,000	$ 260,000
分配子部門費用(4:3)	（560,000）			320,000	240,000
分配丑部門費用(1:1)		（744,000）		372,000	372,000
分配寅部門費用(6:3)			（484,000）	322,667	161,333
合計………………				$1,334,667	$1,033,333

(2)甲部門預計分配率

＝ $1,334,667 ÷ 53,400

= \$24.993764 ／每機器工時

(3)

	服　務　部			生　產　部	
	子	丑	寅	甲	乙
部門別費用…………	\$ 560,000	\$ 744,000	\$ 484,000	\$ 320,000	\$ 260,000
分配子部門費用……	(560,000)	56,000	112,000	224,000	168,000
分配丑部門費用……		(800,000)	100,000	350,000	350,000
分配寅部門費用……			(696,000)	464,000	232,000
合計…………………				\$1,358,000	\$1,010,000

第六章

標準成本制度

第一節

標準成本制度之意義

　　所謂標準成本係指管理當局在事前分別就直接材料、直接人工及製造費用訂出具有測定生產效率的數量與價格標準。數量標準是代表生產製造一單位產品應耗用多少單位的直接材料、直接人工及製造費用；價格標準是指每一單位的直接材料、直接人工及製造費用需要多少錢。

　　所謂標準成本制度係指管理當局預先訂定「標準成本」，作為衡量實際成本的尺度，並將此標準成本納入傳統成本分攤制度，以計算產品的標準成本，然後定期與實際發生的成本比較，求出其間差異後，積極地修正其差異，有效地及時控制成本，達到最經濟而有效率的生產，消極地探討差異之原因及責任歸屬，達到績效衡量的目的。

第二節

實施標準成本制度之條件及功用

● 一、實施標準成本制度之條件

1. 生產技術穩定，產品一致的製造環境。
2. 健全的工廠組織。
3. 完備的會計制度。
4. 管理科學化。
5. 全體員工施予適當之教育，使具有達成標準之觀念。
6. 建立預算控制制度。

● 二、實施標準成本制度之功用

1. 標準成本可作為衡量生產效率的依據,協助管理當局達成控制成本的目的。

2. 將實際成本與標準成本比較,可衡量員工的生產績效,除作為獎懲的依據,更可使員工自行掌握生產效率。

3. 標準成本差異分析,有助於管理當局實施例外管理,及時就缺失採取改善措施。

4. 運用標準成本,可使傳統成本分攤程序簡化,並提升成本報告之效用。

5. 便於制定產銷政策,建立生產契約之訂價基礎及訂定銷售價格。

6. 以標準成本評估材料、在製品及製成品之存貨時,使其成本不因產量的變動而改變單位成本,有助於穩定成本。

第 三 節

標準之意義及種類

● 一、標準之意義

標準是預定的衡量尺度,可作為衡量各種事務差異的公平基礎。會計上所稱之標準,係指達成既定目標所應耗用的資源數量及金額。

● 二、標準之種類

㈠基本標準

標準一經設定,各年度均一貫使用。

(二)現時標準

逐年設定標準。又可分為下列幾種：

1.理想標準

在理想與最大營運效率水準下所設定之標準。

2.正常標準

在可達成優良營運效率水準下所設定之標準。

3.期望標準

在預期實際可能達成之營運效率水準下所設定之標準。

4.過去績效標準

以過去實際營運效率水準為標準。

第四節

標準成本之制定

● 一、直接材料標準成本之制定

直接材料標準成本的制定是以每單位產品為基礎。其計算公式如下：

> 直接材料標準成本=單位標準價格×單位標準耗用數量

(一)單位標準價格

是根據工程部門之分析或製造試驗後加以訂定，其中應考量製造時不可避

免之損耗及浪費，另外對材料之品質亦須規定，故此標準最好由工程、生產及採購部門共同協商。

(二)單位標準耗用數量

成本會計部門會同採購部門辦理，根據各等級材料之現在價格、經濟採購量、市場趨勢及價格水準等因素來估定。此標準可用以衡量採購部門之績效，並測定價格變動對企業成本利益之影響。

● 二、直接人工標準成本之制定

直接人工標準成本的制定是以每單位產品所需之工作時間及其工資率為基礎。其計算公式如下：

$$直接人工標準成本=單位標準工資率×單位標準耗用工時$$

(一)單位標準工資率

制定工資率標準時，應先將各類工作所需之人工劃分等級，然後再決定每一等級之合理工資率。工資率之決定可根據過去之平均工資率、目前人工之供需情況為基礎，並預測未來趨勢而詳加分析。企業若採用按件計酬，其計件之工資率即為標準的人工價格。

(二)單位標準耗用之標準工時

決定每單位產品所需之工作時間標準時，係由專家就每一製造程序，以時間與動作研究之方法來測定。該項標準是採用科學方法，合理考量實際情況以後而完成，故應將與人工有關之不可控制因素（如疲勞之休息時間、生理需要），及其他不可避免之延遲時間（如機器之裝置及故障時間）等包含在內。此標準一確定後，除非因製造方法或工作時間之變動，否則應持續使用。

● 三、製造費用標準之制定

製造費用標準分攤率與分批成本制度之預計製造費用分攤率之訂定程序相同。訂定標準分攤率時，各項預算應加以仔細分析，使其所列者，為應有之製造費用與應有之生產量。

計算製造費用標準分攤率時，必須先決定：(1)標準產能；(2)標準產能下之製造費用總額；(3)折算標準產能下分攤基礎。茲分述如下。

(一)標準產能

產能是指工廠利用設備製造產品之能力，產能運用的程度，稱為產能水準，訂定標準製造費用的因素之一。在不同程度的產能運用下，所發生製造費用總額不同，其分攤率亦因而不同。產能依其運用程度之不同，大略可分為下列幾種：

1.理論產能

係假定工廠在任何時間，均以最高效率運作所可達到之產能。因預計所有設備及人員均按最高效率操作，故不允許有任何延誤與中斷，故亦稱為最高產能或理論產能。

2.實質產能

係假定工廠有合理的效率水準運作下所能達到之產能，係最高產能扣除因無可避免之中斷與延誤而損失的產能。可就人工及機器設備兩方面來看，包括因保養修理、機器停頓而發生之延誤，以及員工因休假與例假之停工。其所考慮到使產能減少的因素係就內部影響來看，而並未慮及外部影響。

3.正常產能

亦稱平均產能，係指以工廠長期平均產量為基礎，如採三年平均產量或五年平均產量。此法下之分攤率係就長期平均產量為基礎，故較為穩定，適用於

長程規劃與控制。

4.預期實際產能

係配合單一年度所預期的銷貨需求而預計的產能，此法下產生的分攤率時有波動，各期往往不同，故較適用於短程規劃與控制。

各種產能水準之選擇，其範圍甚廣，可包括僅在理想狀況下方能達到之理論產能，或預計次期銷貨而估定之產能，然而這兩種產能卻未盡合理。最能適合於各種用途之產能標準，為一可能達到之最適成果，係因此項成果並不要求設備之完全利用，但必須是人力、物力之有效使用，以及在競爭成本下應有之作業水準。故實質產能最為接近此一目標，並符合標準成本之目的。而正常產能亦有學者主張採用，但因其乃以長期（一個景氣循環）下之平均產能為訂立標準時之依據，故應注意可能包括若干年來之無效率情形。

㈡標準產能下之製造費用總額

標準產能確定後，應編列在該產能下應有之製造費用預算額。製造費用預算所列之總數，包括間接材料、間接人工及其他費用。工廠如劃分部門時，應先按部門別預計，然後將廠務部門費用轉攤於各製造部門。預計製造費用應按性質別區分為固定、半固定及變動三類費用。固定費用須逐項分析是否正確；半固定費用仍須進一步分析，利用各種方法將其劃分為固定及變動部分；而變動費用則是根據生產計畫，決定其最低之需要數。

㈢折算標準產能下分攤基礎

確定標準產能及在此產能下的製造費用總額後，即須折算為直接小時、直接人工成本、機器運轉小時或生產單位數。如採用部門別製造費用分攤率者，並須按製造部門別列計。用正常產能下之製造費用總額除以求得之標準直接人工小時（或其他分攤基礎），即得標準分攤率，其公式如下：

製造費用標準分攤率=正常產能下之製造費用總額÷正常產能下之標準直接

人工小時（或其他標準分攤基礎）

第五節

標準成本差異之分析

實施標準成本制度的主要目的，是透過標準成本與實際成本之差異，分析該差異發生的原因，以確定責任之歸屬。所謂成本差異是指標準成本與實際成本間的不同，當實際成本高於標準成本時，則該差額對淨利不利，稱為「不利差異」；反之，當實際成本低於標準成本時，則該差額對淨利有利，稱為「有利差異」。

● 一、直接材料成本差異

直接材料成本差異是指實際材料成本與標準材料成本間之差額，其中可分為「直接材料價格差異」與「直接材料數量差量」。

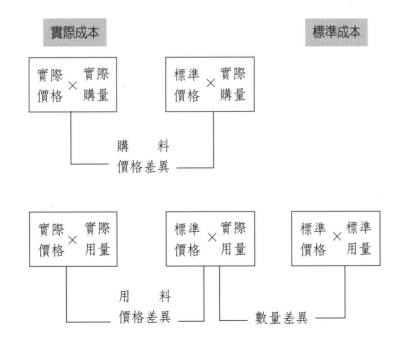

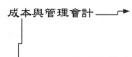
(一)直接材料價格差異

直接材料之實際價格與所設定之標準價格的差額，即為直接材料價格差異。由於其計算之數量基礎不同，又分為購料價格差異及用料價格差異。計算公式如下：

$$購料價格差異=（實際單價－標準單價）×實際購料量$$

$$用料價格差異=（實際單價－標準單價）×實際耗用量$$

直接材料價格差異若為正數，即表示實際成本高出標準成本，屬不利差異；反之，若為負數，即表示實際成本低於標準成本，屬有利差異。分析材料價格差異為有利或不利，可藉此考核採購部門之績效，並衡量價格增減對公司利潤之影響。

(二)直接材料數量差異

生產時實際耗用與標準耗用之數量差異部分，即為直接材料數量差異。計算公式如下：

$$直接材料數量差異=標準單價×（實際用量－標準用量）$$

● 二、直接人工成本差異

直接人工成本差異是指實際人工成本與標準人工成本之差額，其中包括工資率差異及人工效率差異。

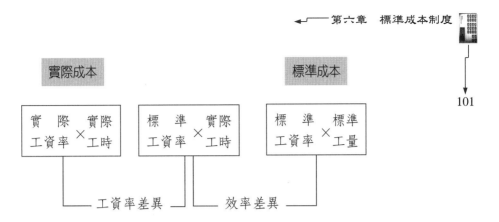

㈠直接人工工資率差異

標準工資率與實際工資率間之差額，乘上實際工作時間後，即為人工工資率差異。計算公式如下：

> 直接人工工資率差異＝（實際工資率－標準工資率）×實際工時

㈡直接人工效率差異

為標準工資率乘上實際工時與標準工時間之差額。計算公式如下：

> 直接人工效率差異＝標準工資率×（實際工時－標準工時）

● 三、製造費用差異

當實際發生之製造費用不等於已分配標準製造費用（即標準工時下之分攤額）時，即發生製造費用差異。

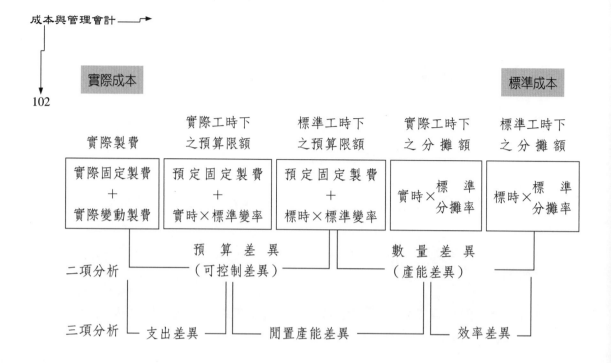

(一)二項差異分析法

1.預算差異或稱可控制差異

　　係當期發生之實際製造費用總額，與實際產量應耗之標準製造費用預算額的差額。若其差額為正數時，表示不利差異，記在借方；反之，若差額為負時，表示有利差異，記在貸方。公式如下：

> 預算差異＝實際製造費用總額－實際產量之標準製造費用預算額
>
> 　　　　＝實際製造費用－（預計固定製造費用＋標準變動製造費用分攤率×
>
> 　　　　　實際產量下之標準工時）

2.數量差異或稱產能差異

　　是指當期實際產量下應耗標準工時之製造費用預算額，與實際產量下標準製造費用分配額的差額。若此差額為正數時，屬不利差異，記在借方；反之，若為負數時，屬有利差異，記在貸方。公式如下：

數量差異＝實際產量之標準製造費用預算額－攤入產品之標準製造費用分配額

　　　　＝（預計固定製造費用＋標準變動製造費用分攤率×實際產量下之標準工時）－（標準製造費用分攤率×實際產量下之標準工時）

　　　　＝標準固定製造費用分攤率×（正常產能下之標準工時－實際產量下之標準工時）

㈡三項差異分析法

1.支出差異或稱費用差異

是指當期實際總製造費用與實際工時下之製造費用預算額之差額。公式如下：

支出差異＝實際製造費用總額－實際工時下之製造費用預算額

　　　　＝實際製造費用－（預計固定製造費用＋標準變動製造費用分攤率×實際工時）

2.閒置產能差異

是指未經利用或未有效利用之產能成本。公式如下：

閒置產能差異＝實際工時下之製造費用預算額－實際工時下之分攤額

　　　　＝（預計固定製造費用＋標準變動製造費用分攤率×實際工時）－（標準製造費用分攤率×實際工時）

　　　　＝標準固定製造費用分攤率×（正常產能下之標準工時－實際工時）

3.效率差異

是指製造費用標準分攤率乘上實際工時與標準工時的差額。公式如下：

> 效率差異＝實際工時下之分攤額－標準工時下之分攤額
>   ＝標準製造費用分攤率×（實際工時－實際產量之標準工時）

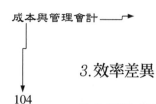

標準成本制度之會計處理

採用標準成本之公司，依是否以標準成本入帳分為兩類，其一，並不將標準成本正式入帳，而僅以統計方法將實際發生數與預計標準相比較，然後分析差異之原因，以供管理當局參考；其二，則以標準成本入帳。至於以標準成本入帳，又依在製品是否以標準成本入帳分為部分記錄法及全部記錄法兩種，茲分述如下。

● 一、部分記錄法

又稱差異後記法。其在製品以實際成本入帳，俟產品完成時，再進行成本分析，因缺乏時效，故較少被採用。

● 二、全部記錄法

又稱差異先記法。其在製品先以標準成本入帳，同時進行成本分析，一則可發揮標準成本制的功用，二則可簡化帳務處理，亦可增加帳務處理的正確性。由於效果較佳，故經常被採用。以下便以該法說明其會計處理。

第七節

標準成本制度之會計分錄

假設佳鑫工廠分批生產 A 產品，該廠採用標準成本之全部記錄法。其有關會計記錄如下：

㈠標準成本單

A 產品標準成本單		
標準材料成本	5 公斤@$300	$1,500
標準人工成本	3 小時@$400	1,200
標準製造費用	3 小時@300	900
單位標準製造成本		$3,600

㈡製造費用彈性預算表

A 產品製造費用彈性預算表			
產能	80%	100%	
標準產量 A 產品	1,120 件	1,400 件	
直接人工小時	3,360 小時	4,200 小時	
變動製造費用	$ 470,400	$ 588,000	@$140
固定製造費用	672,000	672,000	@$160
製造費用合計	$1,142,400	$1,260,000	@$300
製造費用標準分攤率：每小時$300			
單位產品標準工時：A 產品@3 小時			

㈢實際成本資料

購入直接材料	$301×7,500 公斤	$2,257,500

本月製造 A 產品 1,000 件：

直接材料耗用額：		直接人工耗用額：	
實際直接材料（公斤）	5,106	實際人工	3,300
實際單價	$301	實際工資率	$402
實際直接材料成本	$1,536,906	實際人工成本	$1,326,600

本月製造費用實際發生額合計$1,300,000，A 產品 1,000 件均已生產完成，且本月無期初在製品。

本月銷售 900 件（均以現金銷售），每件$5,000，銷售及管理費用實際發生共計$200,000。

● 一、材料的標準成本會計處理程序

依上述之成本資料，本月份有關材料的部分如下：

> 購入直接材料 7,500 公斤，@$301
> 標準材料用量為 5,000 公斤，標準材料單價為$300
> 購入直接材料之實際成本$301×7,500 公斤＝$2,257,500
> 直接材料實際耗用量 5,106 公斤
> 直接材料實際耗用額$301×5,106 公斤＝$1,536,906
> 實際產量下材料標準耗用量：
> 產量×單位標準用量＝實際產量下標準耗用量
> 1,000×5 公斤 ＝ 5,000 公斤

㈠成本差異分析

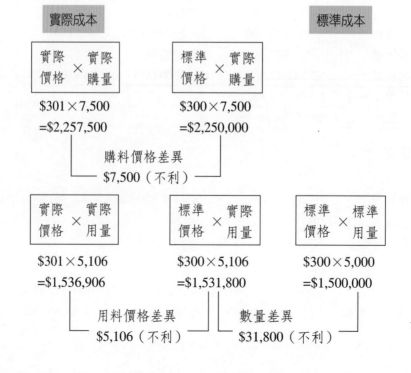

(二)會計分錄

1. 購料時按實際成本入帳

用料時以標準成本借入「在製品」帳戶,並以實際成本貸入「材料」帳戶,同時計算用料價格差異及材料數量差異。應用此法時,其材料帳戶之借、貸方均以實際成本表示,一如傳統成本制度。

購料之會計處理		
材料－直接	2,257,500	
現金(應付帳款)		2,257,500

領料之會計處理		
在製品－ A 產品	1,500,000	
用料價格差異	5,106	
材料數量差異	31,800	
材料		1,536,906

2. 購料時以標準成本入帳,並記錄購料價格差異,領料時計算數量差異

此法下,材料帳自採購至領用皆為標準價格,可免除繁瑣的盤存計價,如先進先出或後進先出等方法之選擇,且於材料明細帳上僅須載明數量之收、發及結存數,不須計價,可簡化帳務處理,而且每次購料時,立即計算價格差異,可迅速發現問題,有助於成本管理。

購料之會計處理		
材料－直接	2,250,000	
購料價格差異	7,500	
現金(應付帳款)		2,257,500

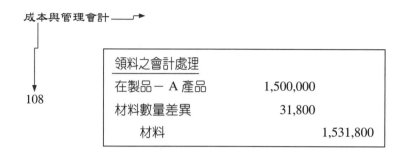

```
領料之會計處理
在製品－A 產品          1,500,000
材料數量差異              31,800
    材料                          1,531,800
```

3.購料時以標準成本入帳，同時記錄購料價格差異

　　領料時計算數量差異及用料價格差異，此法為上述兩種方法之合併使用。計算用料價格差異時，應將購料價格差異攤到用料的部分，由購料價格差異轉入用料價格差異，而期末購料價格差異仍有餘額時，再用來調整存貨與銷貨成本，使其由標準成本變為實際成本，亦即作為存貨的評價帳戶。

```
購料之會計處理
材料－直接              2,250,000
購料價格差異              7,500
    現金（應付帳款）            2,257,500
```

```
領料之會計處理
在製品－A 產品          1,500,000
材料數量差異              31,800
    材料                          1,531,800

用料價格差異              5,106
    購料價格差異                  5,106
```

● 二、人工的標準成本會計處理程序

　　薪工係根據計時卡、計工單以及薪資部門的其他工時資料來計算。佳鑫工廠成本資料如下：

單位產品標準工時為 3 小時
實際工時為 3,300 小時
實際工資率$402
標準工資率$400

㈠成本差異分析

㈡會計分錄

支付薪資之會計處理		
員工薪資－工廠	1,326,600	
現金（應付薪資）		1,326,600

耗用直接人工之會計處理		
在製品－A產品	1,200,000	
人工工資率差異	6,600	
人工效率差異	120,000	
員工薪資－工廠		1,326,600

● 三、製造費用的標準成本會計處理程序

全部記錄法在製造完成時，即可計算製造費用效率及閒置產能差異，惟支出差異則仍於期末為之。佳鑫工廠相關製造費用資料如下：

固定製造費用：$672,000
製造費用標準分攤率：每小時$300
單位產品標準工時：A 產品@3 小時
本月製造費用實際發生額合計$1,300,000

(一)成本差異分析

實際成本				標準成本
實際製費	實際工時下之預算限額	標準工時下之預算限額	實際工時下之分攤額	標準工時下之分攤額
實際固定製費 ＋ 實際變動製費	預定固定製費 ＋ 實時×標準變率	預定固定製費 ＋ 標時×標準變率	實時× 標準分攤率	標時× 標準分攤率
$1,300,000	$672,000 ＋ $3,300×140 =1,134,000	$672,000 ＋ $3,000×140 =1,092,000	$3,300×300 =$990,000	$3,000×300 =$900,000

二項分析　　預算差異（可控制差異）　　　　數量差異（產能差異）
　　　　　　$208,000（不利）　　　　　　　$192,000（不利）

三項分析　　支出差異　　　　閒置產能差異　　　　效率差異
　　　　　　$166,000───$144,000（不利）──$90,000（不利）
　　　　　　（不利）

㈡會計分錄（以三項分析為例）

支付相關製造費用之會計處理

製造費用	1,300,000	
現金（各項應付帳款）		1,300,000

按標準分攤率分攤製造費用之會計處理

在製品－A 產品	900,000	
已分攤製造費用		900,000

實際製造費用與已分攤製造費用差異之會計處理

已分攤製造費用	900,000	
製造費用支出差異	166,000	
製造費用閒置產能差異	144,000	
製造費用效率差異	90,000	
製造費用		1,300,000

● 四、在製品完成後之會計處理程序

　　全部記錄法在製造完成時，即可計算製造費用效率及閒置產能差異，惟支出差異則仍於期末為之。佳鑫工廠相關製造費用資料如下：

　　A 產品 1,000 件均已生產完成，且本月無期初在製品。
　　本月銷售 900 件（均以現金銷售），每件$5,000。
　　銷售及管理費用實際發生共計$200,000。

將在製品轉入製成品之會計處理

製成品－A 產品	3,600,000	
在製品－A 產品		3,600,000

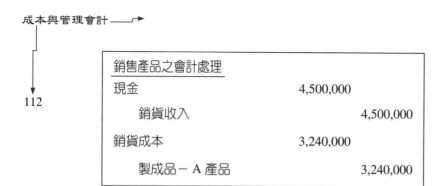

銷售產品之會計處理		
現金	4,500,000	
銷貨收入		4,500,000
銷貨成本	3,240,000	
製成品－A產品		3,240,000

發生銷售及管理費用之會計處理		
銷售及管理費用	200,000	
現金（各項應付帳款）		200,000

第八節

標準成本差異之處理

實施標準成本制度所產生的各項差異，列記借方者，屬不利差異；列記貸方者，則為有利差異。各項差異帳戶之處理，須依差異之發生原因及處理時機而定。茲就成本差異之處理原則加以歸納如下。

● 一、在編製期中財務報表時

對於差異帳戶之餘額有三種可能的處理方法：(1)將差異結轉下期；(2)調整存貨（材料、在製品及製成品）及銷貨成本以反映實際成本；(3)將差異轉入損益帳戶。茲分別說明如下。

㈠將差異結轉下期

1. 處理原則

差異之發生是由於成本的發生或產品本身具有季節性，而其原標準成本係按一營業週期之經常情形制定者，則可將其差異作為遞延項目延至下期，俾與

下期發生之差異一併處理。此類差異可能為製造費用之閒置產能差異或支出差異，但不可能是材料差異或人工差異。

2.會計分錄

不須做會計分錄。

㈡調整存貨（材料、在製品及製成品）及銷貨成本

1.處理原則

如果各差異的發生係因標準制定不正確且金額重大時，應按比例分攤，並依序調整有關的存貨（材料、在製品及製成品）及銷貨成本帳戶。

2.會計分錄

期末材料：$718,200
製成品－A產品：$360,000
銷貨成本：$3,240,000
購料價格差異：$2,394（不利）
材料用料價格差異：$5,106（不利）
材料數量差異：$31,800（不利）
人工工資率差異：$6,600（不利）
人工效率差異：$120,000（不利）
製造費用支出差異：$166,000（不利）
製造費用閒置產能差異：$144,000（不利）
製造費用效率差異：$90,000（不利）
製成品－A產品：銷貨成本=1：9

材料	2,394	
購料價格差異		2,394

製成品－A產品	56,351	
銷貨成本	507,155	
材料用料價格差異		5,106
材料數量差異		31,800
人工工資率差異		6,600
人工效率差異		120,000
製造費用支出差異		166,000
製造費用閒置產能差異		144,000
製造費用效率差異		90,000

㈢將差異轉入損益帳戶

1.處理原則

如果差異的發生係由於可控制的因素，應將差異轉入損益帳戶，編製損益表時列為銷貨毛利的加減項；如果差異的發生係由於不可控制的因素，如遭水災、火災或地震等天然災害，則轉入其他損益項目，編製損益表時，列在營業外損益項下。

2.會計分錄

其他損失	563,506	
材料用料價格差異		5,106
材料數量差異		31,800
人工工資率差異		6,600
人工效率差異		120,000
製造費用支出差異		166,000
製造費用閒置產能差異		144,000
製造費用效率差異		90,000

● 二、在編製期末財務報表時

差異通常不結轉下期，而應調整存貨與銷貨成本，或將差異帳戶餘額轉入損益帳戶（會計處理同上第二項或第三項之處理方式）。

第九節

差異發生的原因及績效之歸屬

● 一、差異發生之原因

㈠隨機差異

標準成本是一項期望值，也就是在理想的作業情況下，實際發生的成本亦常在此期望值上下變動。因此，只要此項變動介於標準之某一上下限度內，則視為正常現象而不須進行調查。

㈡執行差異

是指機器或操作員在執行上有疏失，導致無法達到應可達成的目標。是否採取更正措施，應考量更正所需成本與因更正而降低的成本間關係。若更正所需成本小於因而降低的成本，則應執行該項差異；反之，則不須執行該項差異。

㈢預測差異

是指標準成本制度中，標準設定時所產生的差異，因而造成實際成本與標準成本的差異。

㈣衡量差異

是指會計處理程序因會計人員衡量疏失，導致顯示的績效與真實績效不符。

● 二、績效之歸屬

(一)直接材料價格差異

1. 因採購不當而造成額外費用的增加時，由採購部門負責。
2. 因資金缺乏，延遲付款，致未能取得現金折扣，其損失應由財務部門負責。
3. 請購太慢或產量突然增加，造成緊急採購，應由請購及相關部門負責。
4. 通貨膨脹等外在因素導致材料價格發生變動，此為不可控制之因素，應適時修正標準價格。

(二)直接材料數量差異

1. 因製造方法改變或所用機器及工具變更，以致發生材料用量差異，應由工程設計部門負責。
2. 因工作疏失，致損壞及廢料超過標準而使用料數量增加時，應由生產部門負責。
3. 因材料品質低劣，以致實際用量超過標準時，應由採購部門負責。
4. 因機器效能不佳或年久失修，以致材料損耗增加時，應由工程設計部門負責。
5. 因材料節省（非偷工減料或降低品質之故），以致實際用料少於標準用料時，應查明原因並予以獎勵。

(三)直接人工工資率差異

1. 因工資率變更而產生差異，應修訂工資率標準。
2. 因調派較高工資的工人擔任較低級工作而發生之差異，則由生產部門負責。
3. 因趕工生產而致使加班工時增加，應由生產計畫部門負責。

㈣直接人工效率差異

1. 因工人選擇不當，工人流動性大且訓練不足，操作技術低劣，致使工作時間超過標準時間，應由人事部門負責。
2. 因工作變動頻繁，工作環境不良，產品變更設計，致使工作效率減低，應由工程設計部門或生產部門負責。
3. 因機器工具選擇不當而增加的工作時間，應由工程設計部門負責。

㈤製造費用支出差異

1. 因物料採購不當所致，則由採購部門負責。
2. 因間接人工等級之誤用或物料之誤用所致，則由生產部門負責。
3. 其他各項費用之控制，則應由各部門主管負責。

㈥製造費用閒置產能差異

1. 因停工待料所致，應由生產部門或材料庫或採購部門負責。
2. 因機器故障或工具不足所致，應由生產部門負責。
3. 因人工短少或訓練不足所致，應由生產部門或人事部門負責。
4. 因銷貨量減少或訂單取消所致，應由銷貨部門負責。

㈦製造費用效率差異

1. 因物料浪費所致，應由生產部門負責。
2. 因人工工作無效率，應由生產部門負責。
3. 因物料或其補助物品不能與產能配合所致，應由生產部門負責。

第六章 習 題

一、選擇題

( ) 1.有關「標準成本制」，下列敘述，何者錯誤？ (A)自動化生產將減低分析人工效率差異在成本控制上的功能 (B)自動化生產將增加分析製造費用差異在成本控制上的功能 (C)標準成本制度是設定在整廠的基礎上，故無法使用作業基礎成本制 (D)標準成本設定時，標準之難易度應設定在「有挑戰性，但可達成」的基礎上。

( ) 2.標準成本制與持續改善成本制（Kaizen Costing）兩相比較，下列敘述，何者錯誤？ (A)標準成本制乃一成本控制的觀念，要求實際成本符合成本標準之要求 (B)持續改善成本制乃一成本抑低的觀念，要求實際抑低的成本符合成本抑低的目標要求 (C)實施標準成本制時，當實際成本不符合標準成本時即應判斷是否進一步調查及改正該差異 (D)持續改善成本制是根據目前的生產製造情況，設定成本標準，據以控制成本。

( ) 3.永康公司採用標準成本來計算產品成本，下列敘述，何者正確？ (A)永康公司必須在領料時認列原料價格差異 (B)永康公司必須在進貨時認列原料價格差異 (C)永康公司必須在帳冊上正式認列原料價格差異 (D)永康公司可以不在帳冊上正式認列原料價格差異。

( ) 4.材料的價格差異在購料時認列，則材料明細帳中之入帳基礎為何？ (A)標準價格，實際數量 (B)標準價格，標準數量 (C)實際價格，標準數量 (D)實際價格，實際數量。

( ) 5.若直接原料之實際購買價格低於標準購買價格，標準投入量少於實際投入量，請問：下列何者正確？ (A)購料價格差異為不利；數量差異為不利 (B)購料價格差異為不利；數量差異為有利 (C)購料價格差異為有利；數量差異為不利 (D)購料價格差異為有利；數量差異為有利。

( ) 6.左鎮公司本月的直接原料呈現有利的價格差異，請問：下列何者為其可能原

因？　①採購經理的議價能力佳　②採購經理大量購買原料　③採購經理改用高品質的直接原料　④直接原料市場供不應求　⑤預算直接原料購買價格設定太高　(A)僅①②④　(B)僅①②⑤　(C)僅①③⑤　(D)僅②③④。

(　　) 7.下列哪一種情況最有可能造成有利的人工效率差異？　(A)標準工時大於實際工時　(B)實際工資率高於標準工資率　(C)實際人工成本高於標準人工成本　(D)實際工資率低於標準工資率。

(　　) 8.機器未適當維修，使預計製造產品所需之時間較實際時間少，最可能導致下列何者發生？　(A)有利的變動製造費用效率差異　(B)有利的直接人工效率差異　(C)不利的直接人工效率差異　(D)不利的固定製造費用支出差異。

(　　) 9.玉井公司的標準工資率為每小時$500，20X1 年 4 月份發生人工效率有利差異$25,000，工資率不利差異$20,000，實際發生直接人工小時數 2,000 小時，請問：每小時實際工資率為多少？　(A)$480　(B)$490　(C)$510　(D)$520。

(　　) 10.新化公司 7 月份之實際直接人工工資率為每小時$45，標準直接人工工資率為每小時$37.5，標準直接人工工時為 2,000 小時，直接人工效率差異為$9,000（不利），則該月份實際投入之直接人工小時為何？　(A)1,760 小時　(B)1,800 小時　(C)2,200 小時　(D)2,240 小時。

二、計算題

1.柳營公司採用標準成本制度，每單位產品之材料標準用量為 3 件，本月製造產品 3,000 單位，實際用料成本為$18,000，經分析本月發生材料數量差異$2,000（不利），材料價格差異$2,000（有利）。

試求：

(1)計算每件材料之標準單位價格？

(2)計算每件材料之實際單位價格？

2.下營公司有關人工的實際成本和標準成本資料如下：

標準人工成本　　1,500 小時@$6=$9,000

實際人工成本　　1,450 小時@$6.50=9,425

試求：

(1)人工工資率差異？

(2)人工效率差異？

3. 六甲工廠 8 月份直接人工成本之資料如下：

實際工時	20,000 小時
標準工時	21,000 小時
直接人工工資率差異	$3,000（不利）
實際直接人工成本	$126,000

試求：直接人工效率差異？

4. 東山公司標準成本單所列每一件產品的標準成本如下：

直接原料：A 原料 2 磅@$2	$4
直接人工：每小時$3，每件 1 小時	$3
製造費用：每小時預計分攤率為	$5

今悉該公司的標準能量為 10,000 小時，其固定製造費用與變動製造費用的標準成本
為 3：2，9 月份製成品 9,000 件，無在製品，所投入成本為：

直接原料：A 原料 18,500 磅	@$1.80
直接人工：9,500 小時	@$3.50
製造費用：固定成本為$30,000，變動成本為$21,000。	

試求：

(1)直接原料的價格差異與數量差異？

(2)直接人工的工資率差異與效率差異？

(3)製造費用的支出差異、閒置產能差異及效率差異？

5. 白河公司只生產一種產品，其標準與預算資料如下：

直接原料：每單位產品需用 3 單位原料，標準單價$3，人工每單位產品需用 2 小時

直接人工，工資率$8，變動製造費用每直接人工小時$8，固定製造費用$240,000，

正常產能 80,000 直接人工小時。20X2 年 7 月份實際產能低於正常產能，而產生下

列差異：

a.直接人工效率差異	$16,000（不利）
b.直接原料數量差異	6,000（不利）
c.購料價格差異（每單位$0.05）	5,500（不利）
d.直接人工工資率差異	7,200（不利）
e.變動製造費用支出差異	1,000（不利）
f.變動製造費用效率差異	9,000（不利）
g.固定製造費用支出差異	2,000（有利）
h.固定製造費用數量差異	30,000（不利）

試求：

(1) 20X2 年 7 月份實際產量。

(2)實際購入之原料量。

(3)實際人工時數及人工成本。

(4)實際變動製造費用及實際固定製造費用。

(5)已分配於產品之固定製造費用。

(6)實際耗料超過標準應耗之原料量。

(7)實際較標準多耗用之人工時數。

6.楠西公司之成本會計記錄採標準成本制度，20X2 年度 A 產品之單位標準成本如下：

材料 3 公斤@$10	$ 30
直接人工 2 小時@$52.5	105
變動製造費用 2 小時@$15	30
固定製造費用 2 小時@$5	10
單位總成本	$175

正常產能每月為 2,000 直接人工小時。材料、在製品及製成品存貨按標準成本記錄。下列是 20X2 年 6 月份之相關資料：

產量	900 件
進料	5,000 公斤@$9.75
用料	2,800 公斤
直接人工薪資	1,740 小時@$57.75
實際製造費用	$43,000

試作：

(1)採二項差異分析法計算材料及人工差異？（材料差異採第三法處理）

(2)採三項差異分析法計算製造費用差異？

(3)編製 6 月份之相關總分類帳分錄。（差異採第三法處理）

第六章　解　答 ──────────────────────────

一、選擇題

1. (C)　2. (D)　3. (D)　4. (A)　5. (C)　6. (B)　7. (A)　8. (C)　9. (C)　10. (D)

二、計算題

1. 柳營公司：

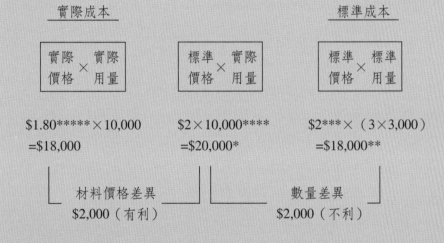

實際成本　　　　　　　　　　　　　　　標準成本

實際 × 實際 價格　用量	標準 × 實際 價格　用量	標準 × 標準 價格　用量

$1.80***** × 10,000　　$2 × 10,000****　　$2*** × （3 × 3,000）
　=$18,000　　　　　　　=$20,000*　　　　　=$18,000**

　　　　材料價格差異　　　　　　　　數量差異
　　　　$2,000（有利）　　　　　　　$2,000（不利）

*18,000 ＋ 2,000
**20,000 － 2,000
***18,000 ÷（3 × 3,000）
****20,000 ÷ 2
*****18,000 ÷ 10,000

答：(1)材料標準單位價格$2

　　(2)材料實際單位價格$1.80

2.下營公司:

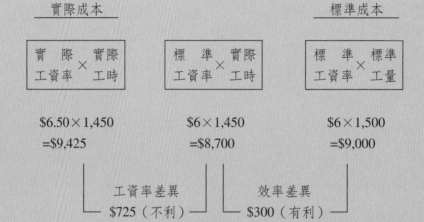

實際成本		標準成本
實際工資率 × 實際工時	標準工資率 × 實際工時	標準工資率 × 標準工量
$6.50×1,450 =$9,425	$6×1,450 =$8,700	$6×1,500 =$9,000

工資率差異 $725（不利）　　效率差異 $300（有利）

3.六甲工廠:

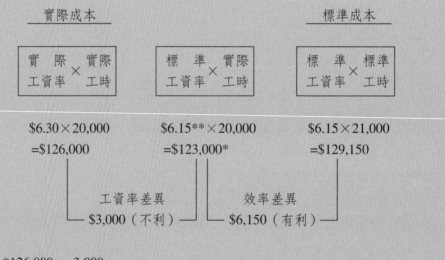

實際成本		標準成本
實際工資率 × 實際工時	標準工資率 × 實際工時	標準工資率 × 實際工時
$6.30×20,000 =$126,000	$6.15**×20,000 =$123,000*	$6.15×21,000 =$129,150

工資率差異 $3,000（不利）　　效率差異 $6,150（有利）

*126,000 － 3,000

**123,000÷20,000

故,直接人工效率有利差異$6,150。

4.東山公司製造費用每小時預計分攤率為$5,因固定與變動之比為 3:2,故固定製造費用每小時預計分攤率為$3,而變動製造費用分攤率為$2。

固定製造費用預算=$3×10,000=$30,000

(1)材料價格差異=（實際單價－標準單價）×實際用量

　　　　　　　=（$1.80－$2）×18,500

$$=-\$3,700（有利）$$

材料數量差異＝標準單價×（實際用量－標準用量）

$$=\$2\times（18,500-2\times9,000）$$

$$=\$1,000（不利）$$

(2)人工工資率差異＝（實際工資率－標準工資率）×實際工時

$$=（\$3.50-\$3）\times9,500$$

$$=\$4,750（不利）$$

人工效率差異＝標準工資率×（實際工時－標準工時）

$$=\$3\times（9,500-1\times9,000）$$

$$=\$1,500（不利）$$

(3)製造費用三項差異：

①支出差異＝實際製造費用－實際工時下的預算製造費用

$$=（\$30,000+\$21,000）-（\$30,000+\$2\times9,500）$$

$$=\$2,000（不利）$$

②閒置產能差異＝實際工時下的預算製造費用－實際工時×標準製造費用分攤率

$$=（\$30,000+\$2\times9,500）-（\$5\times9,500）$$

$$=\$1,500（不利）$$

③效率差異＝實際工時×標準製造費用分攤率－攤入產品之標準製造費用

$$=（\$5\times9,500）-（\$5\times9,000）$$

$$=\$2,500（不利）$$

5.白河公司：

(1)$\$240,000\div8,000=\$3/H$

　（80,000－標準小時）×$3=$30,000（不利）

　標準小時=70,000

　AQ=70,000÷2=35,000（單位）

(2)$\$5,500\div0.05=110,000$（單位）

(3)（AH－35,000×2）×$8=16,000

　AH=72,000（實際人工時數）

　（AR－8）×72,000=7,200

AR=8.1（實際人工每小時成本）

實際人工成本=72,000×$8.1=$583,200

(4) 72,000×$8=$576,000

$576,000 ＋$1,000=$577,000（實際變動製造費用）

$240,000 －$2,000=$238,000（實際固定製造費用）

(5)$35,000×2H×（$240,000÷80,000H）=$210,000

(6)（AQ － 35,000×3）×$3=$6,000

AQ=107,000

107,000 － 35,000×3=2,000（超耗原料）

(7)（AH － 35,000×2）×$8=$16,000

AH=72,000（小時）

72,000 － 35,000×2=2,000（超耗人工小時）

6.楠西公司：

(1)購料價格差異=（實際單價－標準單價）×實際進料

$\qquad$=（$9.75 －$10）×5,000

$\qquad$=－$1,250（有利）

材料價格差異=（實際單價－標準單價）×實際用料

$\qquad$=（$9.75 －$10）×2,800

$\qquad$=－$700（有利）

材料數量差異=標準單價×（實際用量－標準用量）

$\qquad$=$10×（2,800 － 3×900）

$\qquad$=$1,000（不利）

人工工資率差異=（實際工資率－標準工資率）×實際工作時間

$\qquad$=（$57.75 －$52.5）×1,740

$\qquad$=$9,135（不利）

人工效率差異=標準工資率×（實際工作時間－標準工作時間）

$\qquad$=$52.5×（1,740 － 2×900）

$\qquad$=－$3,150（有利）

(2)製造費用三項差異：

①支出差異＝實際製造費用－實際工時下的預算製造費用

$$=\$43,000 - (\$5 \times 2,000 + \$15 \times 1,740)$$

$$=\$6,900（不利）$$

②閒置產能差異＝實際工時下的預算製造費用－實際工時×標準製造費用分攤率

$$=(\$5 \times 2,000 + \$15 \times 1,740) - (\$20 \times 1,740)$$

$$=\$1,300（不利）$$

③效率差異＝實際工時×標準製造費用分攤率－攤入產品之標準製造費用

$$=\$20 \times (1,740 - 2 \times 9,000)$$

$$=-\$1,200（有利）$$

(3)會計處理：

購料之會計處理

材料	50,000	
購料價格差異		1,250
現金（應付帳款）		48,750

領料之會計處理

購料價格差異	700	
用料價格差異		700

在製品－A產品	27,000	
材料數量差異	1,000	
材料		28,000

支付薪資之會計處理

員工薪資－工廠	100,485	
現金（應付薪資）		100,485

耗用直接人工之會計處理

在製品－A產品	94,500	
人工薪資率差異	9,135	
人工效率差異		3,150
員工薪資－工廠		100,485

支付相關製造費用之會計處理

製造費用　　　　　　　　　43,000

　　現金（各項應付帳款）　　　　　　43,000

按標準分攤率分攤製造費用之會計處理

在製品－A 產品　　　　　　36,000

　　已分攤製造費用　　　　　　　　36,000

第七章

成本習性與估計

本章對於成本習性先做區分，再對成本習性決定方法進行討論。藉著確認成本動因區別變動和固定成本以瞭解成本如何變化，對於管理決策有所幫助，以進行各種營運活動。

第一節

成本習性的類別

管理會計制度記錄取得資源之成本並追蹤它們後續之使用，追溯這些成本有助於管理者明瞭此等成本之習性。因此我們先考慮基本的成本習性類別：變動成本（variable cost）與固定成本（fixed cost）。

● 一、變動成本與固定成本

變動成本係指成本總額會隨成本動因之變化而呈等比例變化之成本。若組裝一台筆記型電腦，螢幕單價為$5,000，因此螢幕的總成本等於$5,000 乘上所組裝的電腦數目。固定成本係指成本總額不會隨成本動因之變化而有任何變動之成本。例如，用於組裝筆記型電腦的廠房，每月的租金及保險費$500,000，如圖 7-1。

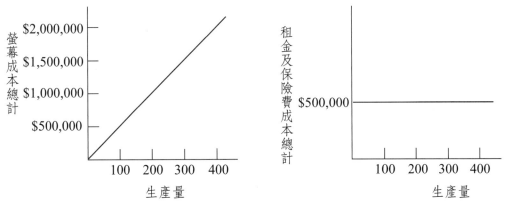

圖 7-1　變動成本與固定成本

二、基本假設

變動成本與固定成本必須有下列之假設：

1. 成本被區分為變動或固定成本，必須是對特定之成本標的而言。
2. 必須在某特定期間。如上述組裝筆記型電腦廠房租金及保險費$500,000，是以一個月而言。
3. 總成本為線性。若以繪圖表示，總成本對成本動因之關係為一條不中斷之直線。
4. 單一成本動因。其他可能影響總成本之原因將視為不重要或加以控制。
5. 成本動因是在某一攸關範圍內變動（在下一段討論）。

三、攸關範圍

攸關範圍（relevant range）指成本動因的變動區間，在這個區間內，成本與成本動因間之特定關係維持不變。固定成本只在成本動因的某一個攸關範圍內才會維持固定。如前述組裝筆記型電腦的例子，廠房每月的租金及保險費為$500,000，最多可生產 1,000 台筆記型電腦，若要再多生產 1,000 台，則必須再租新廠房，共需租金及保險費$1,000,000，再生產下個 1,000 台時，則總租金及保險費更升為$1,500,000，如圖 7-2 所示。

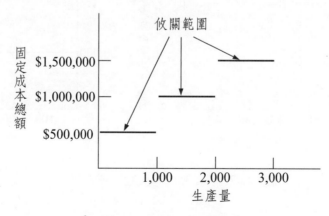

圖 7-2 固定成本習性

成本函數的估計

成本函數是一種數學函數，描述成本習性的模型，就是成本如何隨著成本動因而改變。成本函數可以藉由自變數（成本動因）及應變數（成本總額）而表達出來。

估計成本函數實有兩個重要假設：

1. 由單一自變數解釋應變數，亦即由一個成本動因來解釋成本總額的變動。

2. 在成本動因的攸關範圍內，成本函數趨近於線性成本函數。

基本的成本函數可圖示如下：

變動成本　　　　　固定成本　　　　　混合成本

圖 7-3　線性成本函數

● 一、成本函數估計步驟

估計成本函數的步驟有五：㈠選擇應變數（即成本總額）；㈡選擇自變數（即成本動因）；㈢蒐集資料；㈣繪製資料圖；㈤估計成本函數。分述如下。

㈠選擇應變數

應變述的選擇需視估計成本函數的目的而定。例如，若目的在決定某工廠的間接製造成本，則應變數應包括此工廠發生的所有間接成本。

㈡選擇自變數

選擇的自變數（即成本動因）必須能夠與應變數（即所欲估計的成本）合

理的互相配合，而且能精確估計。原則上，包括在應變數中的所有個別成本項目應該能以同一個成本動因為分攤基礎；若不能，則應分為不同的成本函數加以估計。例如，某工廠中機器設備的維修費及保險費與員工的意外保險費及健康補助費應該以不同的成本函數加以估計，前兩者應以機器小時為成本動因，而後兩者則以人工小時為成本動因加以估計：

應變數	自變數
機器設備維修費 機器設備保險費	機器小時
員工意外保險費 員工健康補助費	人工小時

(三)蒐集資料

蒐集關於應變數及自變數的資料，通常需要與管理者溝通和長時間的觀察，以取得系統及精確的數字。例如，上述關於工廠中每月員工的意外保險費與健康補助費（應變數）及人工小時（自變數）資料：

月份	人工小時	間接人工成本
1 月	2,500	$55,000
2 月	2,700	59,000
3 月	3,000	60,000
4 月	4,200	64,000
5 月	4,500	67,000
6 月	5,500	71,000
7 月	6,500	74,000
8 月	7,500	77,000
9 月	7,000	75,000
10 月	4,500	68,000
11 月	3,100	62,000
12 月	6,500	73,000
合　計	57,500	$805,000

㈣繪製資料圖

此為估計成本函數之重要步驟，通常可觀察出應變數與自變數的一般關係，並看出是否有異常值存在，可進一步分析其發生原因。茲將上述資料繪製關係圖如下：

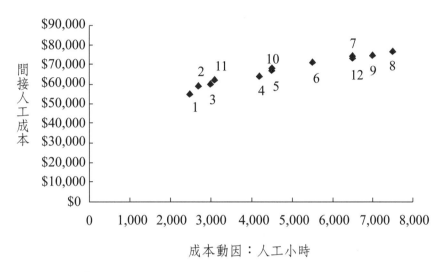

圖 7-4　間接人工成本與人工小時散布圖

㈤估計成本函數

線性成本函數可表達成 $y = a + bx$，其中 y 為應變數，x 為自變數。估計成本函數可利用高低點法或迴歸分析法，將於下一段加以介紹。

● 二、成本函數估計方式

成本函數估計方式主要分為高低點法以及迴歸分析法兩種，分述如下。

㈠高低點法（High-Low Method）

此法為較簡單的方法，只需考慮攸關範圍內觀察值的最大值及最小值，將高低點連接成直線，即為估計的成本函數 $y = a + bx$。承前例，高低點分別為：

	成本動因：人工小時	間接人工成本
成本動因最高觀察值：8 月	7,500	$77,000
成本動因最低觀察值：1 月	2,500	55,000

$$斜率係數 b = \frac{成本動因最高和最低觀察值相關成本間之差異}{成本動因最高和最低觀察值之差異}$$

$$= \$ 22{,}000 \div 5{,}000 = \$ 4.4 \text{ 每人工小時}$$

常數 $a = y - bx$

$$= \$ 77{,}000 - (\$ 4.4 \times 7{,}500) \text{ 或 } \$ 55{,}000 - (\$ 4.4 \times 2{,}500)$$

$$= \$ 44{,}000$$

因此，高低點法下的成本函數為 $y = \$ 44{,}000 + \$ 4.4\,x$

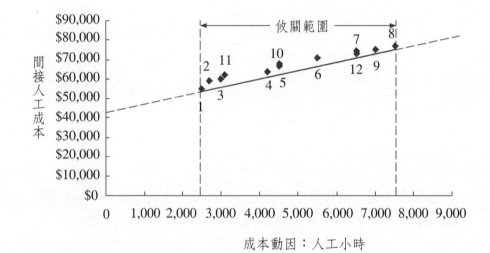

圖 7-5　高低點法下之間接人工成本與人工小時

(二)迴歸分析法（Regression Analysis Method）

迴歸分析法為統計方法，以衡量應變數與單一自變數之間的關係（簡單迴歸分析）或應變數與一個以上自變數之間的關係（多元迴歸分析）。一般電腦軟體程式（例如，SPSS、SAS、Lotus 及 Excel）均可計算出迴歸方程式。

前述間接人工成本的例子，經由電腦軟體程式進行迴歸分析後，可得到成本函數為 $y = \$48,271 + \$3.93\,x$。

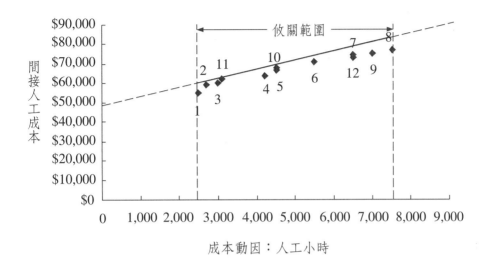

圖 7-6 迴歸分析法下之間接人工成本與人工小時

第 三 節

學 習 曲 線

● 一、意義

在製造過程中，隨著時間的過去與經驗之累積，當作業員愈熟悉操作方法時，其作業效率會逐漸提高，而每單位之成本則會逐漸下降；尤其是重複性的工作，作業員可從一遍又一遍且相同的操作中，學習到如何更有效的工作，故經驗或學習顯然會影響直接人工成本。

學習曲線（Learning Curve）係用來描述員工在從事反覆性的作業時，由於對工作之熟練度日益增強，其工作時間會依照一固定的比率遞減，使得平均每單位的直接人工成本下降之一條曲線。這種現象通常發生在廠商引進新生產方法、開始製造新產品以及僱用新員工等情況下。

　　學習曲線分析能夠幫助企業確定產品成本及合理定價、進行良好的績效評估與準確計算客戶交付時間；但也有其限制，如：只適用於涉及重複性和長期生產的勞動密集過程的工程，學習率並非不變，且易受學習之外的其他因素影響。一般而言，高成本、加值高、連續製程及資本密集產業，較具有明顯的經驗曲線效果。

● 二、學習曲線模式

1. 累積平均時間學習模式（Cumulative Average-Time Learning Model）

　　即累積生產單位加倍時，單位累積平均時間會按一定比例遞減（該比例即稱之為學習率），公式：

$$Y = aX^b$$

Y：每單位累積平均時間

X：累積生產單位數

a：生產第一單位所須時間

b：學習指數

以 80% 學習曲線為例，意即當產量由 80% 的 X 單位倍增至 $2X$ 單位時，$2X$ 單位的每單位累積平均時間為 X 單位的每單位累積平均時間之 80%。

$b = \ln(80\%)/\ln 2 = -0.223/0.693 = -0.322$

累積單位 (1)	每單位平均時間 (2)	累積時數 (3)=(1)×(2)	每單位累積平均時間 (4)=(3)前後相減
1	100	100	100
2	80	160	60
3	70.21	210.63	50.63
4	64	256	45.37

2.增額單位時間學習模式（Incremental Unit-Time Learning Model）

　　增額單位時間學習模式對學習效果之基本假設為，每當累積生產數量增加一倍，其增額單位時間（即生產最後一單位所需之時間）會按一固定比率遞減。公式：

$$T=aX^b$$

T：生產最後一單位之時間

X：累積生產單位數

a：生產第一單位所需時間

b：學習指數

以80%學習曲線為例：

累積單位 (1)	每單位平均時間 (2)	累積時數 (3)＝(2)縱向相加	每單位累積平均時間 (4)＝(3)÷(1)
1	100	100	100
2	80	180	90
3	70.21	250.21	83.4
4	64	314.21	78.55

第七章 習題 ──────────────────────────────

一、選擇題 ────────────────────────────

( ) 1. 下列方法中，哪些可用於分析成本習性？請選擇最適當的組合：①散布圖法
（scatter graph method）或目視法（visual-fit method） ②工業工程法（in-
dustrial engineering approach） ③線性規劃（linear programming） ④作業
基礎成本制（activity-based costing） ⑤統計迴歸分析（statistical regression
analysis） (A)①②④ (B)①②⑤ (C)②③⑤ (D)②④⑤。

( ) 2. 有關「成本習性」，下列敘述，何項錯誤？ (A)工業工程法（industrial en-
gineering method）乃藉由分析實體單位之投入產出關係來估計成本函數
(B)諮商法（conference method）將其估計成本函數基礎建立在蒐集組織各部
門（採購、生產工程、製造及員工關係等單位）之分析及意見 (C)帳戶分
析法（Account Analysis Method）此法完全憑藉成本會計人員專業之判斷，
僅就某期間實際發生之成本資料，主觀分出固定成本與變動成本 (D)在累
積平均時間學習模式（cumulative average-time learning model）此法係將各組
產量與成本之資料，繪於座標內依點分布之趨勢劃出趨勢線，延伸至縱座標
之點即為固定成本值，再代入各組中任一組資料求算出變動成本。

( ) 3. 下列何者不會造成成本函數為非線性？ (A)生產過程具有學習效果 (B)今
年銷售業績良好，銷售數量加倍，但銷售佣金超過兩倍 (C)總成本在攸關
範圍內為直線的成本函數，但超過攸關範圍此直線關係會改變 (D)公司跟
供應商簽約，內容為須付一筆訂購費$50,000，公司支付的運輸費用為每個產
品$5，採購成本為每個產品$200。

( ) 4. 利用高低點法估計的成本函數為：$Y = \$10,000 + \$6.1X$，Y代表水電費，X
代表生產數量，請問：當生產數量每增加 1 單位時，水電費增加的金額為多
少？ (A)$0 (B)$6.1 (C)$10,000 (D)$10,061。

( ) 5. 佳里公司使用高低點法估計成本習性，資料顯示：當作業量為 220,000 機器

小時，平均每小時之維修成本為$668；當作業量為 250,000 機器小時，平均每小時之維修成本為$608。根據以上資訊，請問：每機器小時之變動成本為多少？　(A)$168　(B)$440　(C)$500　(D)$608。

（　　）6.北門公司承租影印機一台，合約規定每月需支付固定費用，另按影印張數支付影印費。北門公司在 7 月份影印 70,000 張，支付$80,000；在 8 月份影印 50,000 張，支付$60,000。若北門公司在 9 月份影印 60,000 張，請問：需支付多少金額？　(A)$65,000　(B)$68,000　(C)$70,000　(D)$72,000。

（　　）7.西港公司已蒐集下列與 WW 工廠之電費相關的資料，但無法區分其中的變動與固定部分成本。該公司聽說可運用高低點法（high-low method）估計電費的成本函數，故決定試用之。

月份	電費	機器小時
2	$498,000	52,500
4	480,000	55,000
6	728,000	75,000
8	675,000	68,500
10	883,200	97,500
12	900,000	95,000

假設西港公司以機器小時為電費的成本動因，根據上述資料運用高低點法後，可得到估計電費的成本函數。若公司已知實際發生 80,000 機器小時，請問：依此成本函數所估計出的電費應為多少？　(A)$733,400　(B)$742,500　(C)$874,800　(D)$937,500。

（　　）8.麻豆公司正引進一個新型產品，該產品之預計單位售價為$21。公司估計第一年生產 10,000 單位產品，所需的直接原料成本為$28,000，直接人工成本為$50,000（需使用 5,000 個人工小時）。間接製造費用使用迴歸法分析過去歷史資料獲得成本函數如下：間接製造費用＝$68,000＋$16.5×直接人工小時。會計人員同時由迴歸分析得到總變異為$465,000，直接人工小時不能解釋變異（unexplained variation）為$265,050。請問：間接製造費用的變異有多少比例可由直接人工小時的變動解釋？　(A) 43.0%　(B) 57.0%　(C) 66.0%　(D) 72.0%。

（　　）9.龍崎公司新取得之機器第一次生產需花費 1,000 小時，若依據 80%之累計平

均學習曲線，則其第二次生產所需花費的時間為何？ (A)600 小時 (B)800 小時 (C)1,600 小時 (D)1,800 小時。

( ) 10.有關累積平均時間學習模式（cumulative average-time learning model）與增額單位時間學習模式（incremental unit-time learning model），下列敘述，何者正確？ (A)對於 80%累積平均時間學習模式，當第一個製造單位為人工時間 100 分鐘，則第二個為 80 分鐘 (B)對於 90%的增額單位時間學習模式，當第一個製造單位為人工時間 100 分鐘，則平均一個為 90 分鐘 (C)負責製造的線上員工，其累積生產數量每增加一倍，其每單位累積平均時間按固定比例減少時，應採用增額單位時間學習模式來估計其人工小時 (D)對於 80%學習曲線，當第一個製造單位要人工時間 100 分鐘，累積平均時間學習模式之每單位累積平均時間下降幅度大於增額單位時間學習式。

二、計算題

1. 後壁公司採用實際的成本會計制度，20X1 年度及 20X2 年度損益表如下：

	20X1 年度	20X2 年度
銷貨收入：每單位$40	$400,000	$320,000
銷貨成本	280,000	236,000
銷貨毛利	$120,000	$ 84,000
減：銷管費用	84,000	80,000
營業淨利	$ 36,000	$ 4,000

其他資料如下：

a.銷貨佣金按銷貨額 5%計算外，其他銷管費用均屬固定性質。

b.20X2 年的製造成本均未超出預算限額，此項預算限額係根據 20X1 年預算而來。

c.20X2 年度期初及期末存貨並無改變。

試求：

(1) 每單位產品之變動成本。

(2) 每年固定製造成本。

(3) 每單位產品之變動銷管費用。

2. 大安公司 20X1 年新生產線有下列資料：

每單位產品售價	$30
每單位產品變動製造成本	16
每年固定製造費用	50,000
變動銷管費用按每單位銷貨量支付	6
每年固定銷管費用	30,000
20X1 年並無期初及期末存貨，當年度產銷 12,500 單位	

試求：

(1) 編製功能式損益表。

(2) 編製貢獻式損益表。　　　　　　　　　　　　　　　　【美國會計師考題】

3. 北投公司推出新產品，每單位售價為 $ 12，預計生產 100,000 單位，其生產成本如下：

直接原料	$100,000
直接人工（每小時$8）	80,000

新產品之製造費用尚未估計，但根據過去兩年期間之記錄分析，獲得下列資料，可作為預計新產品製造費用之依據：

每期固定製造費用	$80,000
變動製造費用：按直接人工每小時$4.20 計算	

試求：

(1)假定直接人工時數為 20,000 小時，請計算在此一營運水準之下製造費用總額。

(2)假定某期間產銷新產品 100,000 單位，請計算其邊際貢獻總額及每單位產品之邊際貢獻。

4.台北公司生產某產品，每年正常產銷量為 50,000 至 100,000 單位。下列為正常產銷水準下，為完成產銷成本總額及單位成本報告表：

	產銷數量		
	50,000	80,000	100,000
變動成本總額	$24,000	?	?
固定成本總額	42,000	?	?
總成本	$66,000	?	?
單位成本			
變動成本	?	?	?
固定成本	?	?	?
每單位成本合計	?	?	?

試求：請完成上表空白部分。

5.南港公司為某顧客專案製造一件產品，計投入直接人工 1,000 小時，工資率為每小時$100。南港公司以累積平均學習曲線考慮學習效果，學習率為85%。若續接獲該顧客增購 3 件產品之訂單，請問：完成該 3 件產品估計所需直接人工成本為多少？

第七章　解答

一、選擇題

1.(B)　2.(D)　3.(D)　4.(B)　5.(A)　6.(C)　7.(A)　8.(A)　9.(A)　10.(D)

二、計算題

1.(1)兩年度製造成本差異＝$280,000 －$236,000＝$44,000

　　兩年度產量差異＝ 10,000 單位－ 8,000 單位＝ 2,000 單位

　　每單位變動製造成本＝$44,000÷2,000 ＝$22

(2) $a + bx = y$

　　a+$22×10,000=$280,000

　　a=$60,000（每年固定製造成本）

(3)$400,000×5%=$20,000

　　$20,000÷10,000=$2

2.(1) 功能式損益表：

大安公司
損益表
20X1 年度

銷貨收入	$375,000
減：銷貨成本：$16×12,500+$50,000	（250,000）
銷貨毛利	$125,000
減：營業費用：	
銷管費用：$6×12,500+$30,000	（105,000）
營業淨利	$ 20,000

(2) 貢獻式損益表：

大安公司

損益表

20X1 年度

銷貨收入		$375,000
減：變動成本：		
製造成本：$16×12,500	$200,000	
銷管費用：$6×12,500	75,000	(275,000)
邊際貢獻		$100,000
減：固定成本：		
製造費用	$50,000	
銷管費用	30,000	(80,000)
營業淨利		$ 20,000

3.(1)

直接人工 20,000 小時

（產品：200,000 單位）

製造費用總額：

變動製造費用：$4.20×20,000	$84,000
固定製造費用	80,000
合計	$164,000

(2)

銷貨量：100,000 單位

（直接人工時數：10,000 小時）

銷貨收入：$12×100,000	$1,200,000
減：變動成本：	
直接原料：$1×100,000	$100,000
直接人工：$8×10,000	80,000
製造費用：$4.20×10,000	42,000
變動成本合計	$222,000
邊際貢獻（總額）	$978,000
每單位邊際貢獻：	$9.78

4.

	產銷數量		
	50,000	80,000	100,000
變動成本總額	$24,000	$38,400	$48,000
固定成本總額	42,000	42,000	42,000
總成本	$66,000	$80,400	$90,000
單位成本			
變動成本	$0.480	$0.480	$0.480
固定成本	0.840	0.525	0.420
每單位成本合計	$1.320	$1.005	$0.900

5. 直接人工小時：$1,000 \times 0.85 \times 0.85 \times 4 - 1,000 = 1,890$（小時）

　直接人工成本：$\$100 \times 1,890 = \$189,000$

成本—數量—利潤分析

　　如果長榮航空新增加一條由台北至東京的航線，對利潤的影響為何？唱片公司推出新歌手的唱片，要銷售幾張唱片才會達到損益兩平？如果唱片價格改變，對損益兩平點的唱片銷售數量會有什麼影響？

　　許多電腦公司在電腦展中販售電腦軟體，或是主辦演唱會的單位出售演唱會的門票，可藉由區分固定成本與變動成本，以協助管理者事前評估在不同銷售水準下，公司的利益或損失，以及為達損益兩平之應有的收入。

　　成本─數量─利潤分析，又稱CVP（Cost-Volume-Profit）分析，是研究企業在變動成本法的基礎上，一定期間內的成本、業務量與利潤三者依存關係分析，並以數量化的會計模型和圖形來揭示固定成本、變動成本、銷售量、銷售單價、銷售收入、利潤等變數之間的內在規律性聯繫，為會計預測、決策和規劃提供必要的財務資訊的一種技術方法。

第一節

成本─數量─利潤分析之基本假設

在運用成本─數量─利潤做分析時，必須要瞭解以下基本假設：

1. 假設計算損益時，採用變動成本法。

2. 可明確區分總成本為固定成本及變動成本。

3. 收益與成本僅隨著生產和銷售的產品（或勞務）數量的改變而改變。

4. 在攸關範圍內，總收入及總成本與產出單位的關係成線性。

5. 在任何數量下，單位售價、單位變動成本與固定成本在攸關範圍內皆保持不變。

6. 本分析適用單一產品；或是在多種產品下，既定之銷售組合維持不變。

7. 不用考慮貨幣之時間價值。

　　企業在制定策略及從事利潤規劃時，皆會強調成本、數量、利潤分析之重要性。但在現實的社會中，以上的簡單假設可能無法滿足，此時就必須運用較複雜的方法。雖然在現實世界中，這些假設幾乎不存在，但CVP分析可協助我們對成本習性的瞭解，以及在不同產出下，收入與成本間的相互關係。此外，運用CVP之思考方式，可在變動成本、固定成本、售價、產品銷售組合上求得

最佳組合，確保公司達成其利潤目標。

第二節

CVP 分析之意義

我們將以下例說明如何使用 CVP 分析。

範 例

大方出版社計畫於國際書展中出售《如何一天記憶 1,000 個英文單字》這本書，每本售價$300，而書的單位成本為$150，此出版社已支付給主辦單位$30,000做為攤位租金。假設並無其他成本存在，此出版社在不同銷售量下之利潤分別為何？

解 答

因為攤位的租金$30,000不會隨著出售書的多寡而改變，所以是固定成本；而每本書的成本則隨著出售的多寡而不同，因此是變動成本。簡言之，每出售1本書，出版社就必須多花$150進貨，如果出售了10本，變動成本即為$1,500。

我們以下表來計算大方出版社在不同的銷售單位下的營業利益。

表 8-1 不同的銷售單位下的營業利益

	書本出售數			
	0	100	200	400
收入（@$300）	$ 0	$30,000	$60,000	$120,000
變動成本（@$150）	0	15,000	30,000	60,000
邊際貢獻（@$150）	0	15,000	30,000	60,000
固定成本	30,000	30,000	30,000	30,000
營業利益	$（30,000）	$（15,000）	$ 0	$ 30,000

由上表可知，當沒有任何銷售量時，營業淨損為$30,000，等於大方公司的固定成本；當銷售量達到 200 本時，營業淨利剛好等於 0，此時這 200 本就是我們在下一節會談到的「損益兩平點」。此外，當銷售量超過 200 本時，大方出版社就會產生正的營業利益。

會隨著出售數量的改變而改變的，只有收入和變動成本而已。而收入減去變動成本之差稱為邊際貢獻，也可說是對固定成本及利潤的貢獻。邊際貢獻不論在管理或是決策上都是相當有用及重要的，若某項產品的邊際貢獻低於其售價，則此產品就不值得生產及銷售。例如：一本書的變動成本為$150，若售價低於$150，則生產這本書毫無利潤可言，故不應生產。

第三節

損益兩平點

損益兩平點是指當總收入等於總成本時之產出數量，在損益兩平點時，營業利益為零。損益兩平點之所以受管理當局重視，是因為管理者想避免營業損失，而損益兩平點正可以告訴他們必須要使銷售維持在某個特定水準，否則就會發生損失。

以下我們將介紹三種方法：方程式法、圖解法、邊際貢獻法來計算損益兩平點。

● 一、方程式法

我們可將損益表以下列方程式表達：

> 總收入－變動成本－固定成本＝營業利益

細分為：

（單位售價×銷售數量）－（單位變動成本×銷售數量）－固定成本＝營業利益

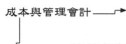

將銷售數量提出：

銷售數量×（單位售價－單位變動成本）－固定成本＝營業利益

因為在損益兩平點時，利潤為 0，故，

銷售數量×（單位售價－單位變動成本）＝固定成本

移項後求得：

$$損益兩平點銷售數量 = \frac{固定成本}{單位售價 - 單位變動成本}$$

因此，我們由方程式法，求得損益兩平點銷售數量等於固定成本除以（單位售價－單位變動成本）。

以前述大方出版社為例，令損益兩平點銷售量為 BEQ，則使用方程式法計算出的損益兩平點銷售量如下：

（$300×BEQ）－（$150×BEQ）－$30,000 ＝ 0
解得 BEQ 為 200 本

由此結果可知，當大方出版社出售 200 本書時，總收入為$60,000，總成本為總變動成本$30,000 加上$30,000 固定成本，也是$60,000 時，是不賺不賠的情況，此時的銷售數量 200，即為損益兩平點。

● 二、邊際貢獻法

邊際貢獻法類似於方程式法，由上一節，我們知道每單位邊際貢獻等於（單位售價－單位變動成本），故由上述方程式法，可寫成另一種形式：

$$損益兩平點銷售數量 = \frac{固定成本}{單位邊際貢獻}$$

以大方出版社的資料帶入：

BEQ ＝ $30,000 ÷（$300 － $150）＝ 200 本

另外，我們也可將此等式運用邊際貢獻率來做計算，以求得損益兩平點之銷售金額。所謂邊際貢獻率，是將每單位邊際貢獻除以售價，表示每一塊錢銷售金額所產生的邊際貢獻，因此，我們可得另一等式：

$$損益兩平點銷售金額 = \frac{固定成本}{邊際貢獻率}$$

以大方出版社的資料帶入：

邊際貢獻率＝ $150 ÷ $300 ＝ 50%
損益兩平點銷售金額＝ $30,000 ÷ 50% ＝ $60,000

亦即，當大方出版社之銷售金額達 $60,000 時，可達損益兩平；同時當銷售金額為 $60,000 時，淨利為 0。

● 三、圖解法

圖解法是將總成本線與總收益線繪於同一座標圖上，這兩條線的交會點即為損益兩平點。

同樣的，我們使用上述大方出版社的例子來說明此法的運用。

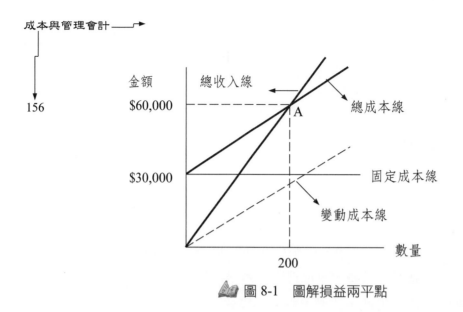

金額

總收入線

$60,000 ─────────────── A

總成本線

$30,000 ──────────────────────── 固定成本線

變動成本線

200 數量

圖 8-1　圖解損益兩平點

㈠總收入線

總收入等於單位售價乘上銷售數量，當銷售量為 0 時，總收入為 0；當銷售數量增加時，總收入亦等比例增加，故總收入線為一通過原點、斜率為正的直線。

㈡變動成本線

變動成本為單位變動成本乘上銷售數量，當銷售量為 0 時，變動成本亦為 0，但隨銷售量增加，銷貨成本亦呈等比例增加，因此變動成本線與總收入線一樣，都是一條通過原點、斜率為正的直線。

㈢固定成本線

固定成本在攸關範圍內並不會隨著銷售量的改變而改變，因此為一條水平線。

㈣總成本線

總成本等於變動成本加上固定成本，因此將變動成本線與固定成本線垂直加總就可以得到總成本線。

由圖 8-1，我們可以看出，總成本線與總收入線相交於 A 點，對應的數量

與金額分別為 200 及 $60,000，分別是損益兩平點銷售數量與損益兩平點銷售金額。在 A 左方的區塊為損失區（因為總成本大於總收入）；在 A 右方的區塊則為利潤區，亦即當售出數量大於 200 單位時，總收入大於總成本，才會發生營業淨利。

目標利潤

前面所述的損益兩平點是指當淨利為 0 時，應出售幾單位的商品，但管理者若想賺取特定利潤時，應如何計算應銷售的單位數呢？

以大方出版社為例，若管理當局想賺取稅前利潤 $12,000，則應銷售幾本書？我們以第三節所列的方程式法及邊際貢獻法敘述如下。

● 一、方程式法

由第三節可知：

> 銷售數量×（單位售價─單位變動成本）─固定成本＝營業利益

第三節計算損益兩平點時，假設營業利益為 0，現在管理者想賺取 $12,000 的淨利，僅需將營業利益以 $12,000 帶入即可，計算如下：

$$Q \times (300 - 150) - 30,000 = 12,000$$
$$Q = 280 （本）$$

● 二、邊際貢獻法

由第三節之等式：

$$損益兩平點銷售數量 = \frac{固定成本}{單位邊際貢獻}$$

在有目標利潤之下，等式將變為：

$$銷售數量 = \frac{固定成本 + 目標利潤}{單位邊際貢獻}$$

將大方出版社的例子帶入：

$$Q = (30,000 + 12,000) \div 150 = 280 (本)$$

由上述兩法的計算得知，大方出版社若要達到$12,000 的利潤，需出售 280本書。

第五節

CVP 分析之應用

CVP分析的用途非常廣泛，在管理上可協助管理者在不同方案下作抉擇，這時他們可能會先運用敏感性分析。所謂敏感性分析是運用「如果……則……」的技術。例如，當電影院門票的售價增加 10%時，對電影院淨利的影響為何？當單位變動成本增加 10%時，對葵可利的營業利益又為何？我們由表 8-2 可看出當售價、變動成本、固定成本變動時，對損益兩平點產生的影響。

假設大方出版社出版的《如何一天記憶 1,000 個英文單字》可以有以下三種不同的定價，分別是$300、$350、$400，且假設售價不影響銷售量，由表 8-2可看出當銷售 200 本時，不同售價所產生的利潤，以及在不同售價下的損益兩平銷售數量。

由表 8-2 可看出，當其他條件不變之下，單位售價愈高，則邊際貢獻愈高，損益兩平點銷售量就愈低。

📖 表 8-2　銷售價格不同時的損益兩平點

售價 項目	$300	$350	$400
銷貨收入	120,000	140,000	160,000
變動成本	45,000	52,500	60,000
邊際貢獻	75,000	87,500	100,000
固定成本	30,000	30,000	30,000
利潤	$45,000	$57,500	$70,000
損益兩平點銷售量	200	150	120

使用同樣的方法，我們可推知當變動成本、固定成本改變時，對損益兩平點所造成的影響，這就是所謂的敏感性分析。

下表彙總了當售價、變動成本、固定成本變化時，對損益兩平點所產生的影響。

📖 表 8-3　各因素變動之影響

固定成本	上升	上升
	下降	下降
變動成本	上升	上升
	下降	下降
售　　價	上升	下降
	下降	上升

除了敏感性分析外，在不同的成本結構下，CVP 分析仍可協助管理者做選擇。以前述大方出版社為例，若主辦單位所要求的場地租金是依：(1)固定的，(2)變動的，(3)部分固定加部分變動，CVP 分析仍可協助管理者做決策。

若主辦單位提供三種租金方案供大方出版社選擇：

方案一：固定費用$30,000
方案二：固定費用$12,000 及大方出版社於書展中收入的 15%
方案三：大方出版社於書展中收入的 25%，但無固定費用

假設大方出版社預期可銷售 400 本，則在三種方案下之利益分別為：

📖 表 8-4 三種方案下之利益

	方案一	方案二	方案三
單位邊際貢獻	$ 150	$ 105	$ 75
邊際貢獻（單位邊際貢獻×400）	$60,000	$42,000	$30,000
營業利益（邊際貢獻－固定成本）	$30,000	$30,000	$30,000
營業槓桿度（邊際貢獻÷營業利益）	2	1.4	1

方案一正是一開始所提的例子；在方案二下，單位售價同樣為$300，但變動成本除了進貨的$150 之外，還必須加上變動的租金費用，因此，每單位變動成本變為$150＋$300×15%＝$195，故每單位邊際貢獻為$300－$195＝$105；在方案三之下，單位變動成本則為$150＋$300×25%＝$225，故每單位邊際貢獻為$300－$225＝$75。

由表 8-4 可看出，在銷售量為 400 本時，不論任一方案下的利潤都是相同的。然而若銷售量並非為 400 本時，則CVP分析強調出每一方案下之不同風險與報酬之關係。方案一最具風險，因為具較高的固定租金；方案三的風險則較小，因為租金完全依照銷貨收入。

舉例來說，若是預期銷售量為 250 本時，方案一下之淨利為$7,500；方案二下之淨利為$14,200；方案三下之淨利為$18,750。

營業槓桿等於邊際貢獻÷營業利益，它表達出當銷售單位改變，使營業利益和邊際貢獻發生改變時，固定成本所具有的影響力。對固定成本比例相當高的組織而言（如同方案一），具有較高的營業槓桿。在此種情況下，即使銷售發生很小的變化，亦會對營業利益帶來很大的影響。換句話說，當銷售增加時，營業利益呈現更大幅度的上升；反之，當銷售降低時，營業利益亦呈現較大幅度的下跌，因此伴隨著更大的損失風險。故我們可以下一個結論，**營業槓桿愈大者，風險亦愈高**。

多種產品下之 CVP 分析

以上的介紹都假設公司只有出售一種產品，本節我們將介紹當公司出售多種產品時，損益兩平點應該如何計算。

假設大方出版社除了銷售英語學習書外，還銷售英語 CD，CD 的售價為 $100，進貨成本為 $75，若書與 CD 銷售的數量比為 3：2，預計書與 CD 的總銷售量為 500 單位，則大方出版社的損益兩平點為何？預期利潤為何？

表 8-5　各產品資料

	書	CD
單 位 售 價	$300	$100
單 位 變 動 成 本	$150	$ 75
單 位 邊 際 貢 獻	$150	$ 25
預 計 銷 售 數 量	300	200

若以邊際貢獻法求算損益兩平點銷售數量，則可計算如下：

$$加權平均單位邊際貢獻 = \frac{150 \times 300 + 25 \times 200}{300 + 200} = 100$$
$$損益兩平點銷售數量 = \$30,000 \div 100 = 300（書＋CD）$$

書與 CD 的個別銷售單位如下：

$$書：300 \times \frac{3}{5} = 180$$
$$CD：300 \times \frac{2}{5} = 120$$

若大方出版社預計總銷量為 500 單位（即書為 300 本，CD 為 200 張），則淨利為：

表 8-6　銷售量 3：2 之淨利

	書	CD	合計
銷售數量	300	200	500
銷貨收入	$90,000	$20,000	$110,000
變動成本	45,000	15,000	60,000
邊際貢獻	$45,000	$ 5,000	$50,000
固定成本			$30,000
淨利			$20,000

　　由表 8-6 可看出，書的邊際貢獻明顯大於 CD 的邊際貢獻，故若大方出版社無法增加總銷售量時，可藉由提高邊際貢獻較高者（在本例為「書」）的比例來增加營業利益。

表 8-7　銷售量 4：1 之淨利

	書	CD	合計
銷售數量	400	100	500
銷貨收入	$120,000	$10,000	$130,000
變動成本	60,000	7,500	67,500
邊際貢獻	$ 60,000	$ 2,500	$ 62,500
固定成本			$ 30,000
淨利			$ 32,500

第八章 習 題

一、選擇題

( ) 1. 損益平衡分析係假定銷貨收入於超過正常營運範圍時： (A)單位變動成本是不變的 (B)總固定成本為非線型的 (C)單位收入為非線型的 (D)總成本是不變的。

( ) 2. 下列何者是成本數量利潤分析的假設？ ①銷售組合不變 ②存貨水準可以不一致 ③生產要素單價不隨數量而改變 ④產品單位售價不隨數量而改變 (A)僅①③ (B)僅②④ (C)僅①③④ (D)①②③④。

( ) 3. 峨眉公司之邊際貢獻為負數，假設其他狀況不變，下列哪一個決策可能幫助公司達成損益兩平？ (A)減少銷量 (B)增加銷量 (C)減少變動成本 (D)增加固定成本。

( ) 4. 若寶山公司今年原料每單位上漲$70，假設其他情形不變，則比較去年與今年之損益兩平圖，原料上漲對損益兩平圖之影響為何？ (A)總成本線的斜率變小 (B)總收入線斜率變大 (C)損益兩平點向右上方移動 (D)總成本線與 Y 軸相交點向上移動。

( ) 5. 下列哪一個決策會使決策前之利量線（即利量圖上的利潤線）在決策後平行右移？ (A)採用單位成本多$5 的直接材料 (B)提高售價 10% (C)增加廣告費支出$100,000 (D)銷售佣金從占營收 10%降至 8%。

( ) 6. 芎林公司生產 PH 測試劑，每一瓶的售價為$800，單位變動成本為$480，相關的固定成本為$1,200,000。若芎林公司預計獲得稅前淨利$6,000,000，請問：需銷售多少瓶的 PH 測試劑？ (A)16,000 (B)18,750 (C)20,000 (D)22,500。

( ) 7. 當後龍公司之銷貨收入為$4,800,000 時，安全邊際為$1,600,000，邊際貢獻率為 40%，請問：其固定成本為多少？ (A)$640,000 (B)$960,000 (C)$1,280,000 (D)$1,920,000。

( ) 8.造橋公司銷售一種暢銷工具機，單位售價為$2,000，單位變動成本為$800，
而總固定成本為$180,000，公司所得稅稅率40%。為了達到稅後淨利$36,000
的利潤目標，請問：該公司應銷售多少單位？ (A)145 (B)150 (C)170
(D)200。

( ) 9.橫山公司為淑女服飾零售商，會計部門正在規劃下一年度的營業預算，預計
使用之平均總資產為$1,200,000，該公司產品售價平均每件為$60，總變動成
本為$240,000，總固定成本為$300,000，此成本結構剛好滿足公司要求的最
低資產報酬率15%。若總經理的獎金是按剩餘利潤的25%計算，請問：下一
年度的銷售量應為多少，可讓總經理獲得$15,000 的獎金？ (A)9,000
(B)13,000 (C)13,500 (D)14,500。

( ) 10.苑裡公司生產甲產品，每單位售價為$90，變動成本為$60，固定成本總額隨
產銷量不同而有所差異，其相關資訊如下：

產銷量	固定成本
0～2,000	$64,000
2,001～4,000	84,000
4,001～6,000	100,000
6,001～8,000	120,000

請問：苑裡公司甲產品損益兩平點的銷售數量為多少？ (A)2,133 單位
(B)2,800 單位 (C)3,333 單位 (D)5,000 單位。

二、計算題

1.新豐公司僱用兩名推銷員銷售公司出產之某產品，該產品進價每單位$60，並以每
單位$100 出售。家家公司支付每位推銷員每年$3,600 固定薪資外，並按銷貨收入
之 5%給付銷貨佣金。另外，該公司每年發生之支出如下：

店房租金	$1,200
照明	600
店房職員薪津	8,100
廣告費	400

估計該公司每年之銷售量在 550 單位至 800 單位之間。

試求：

(1)計算平衡點銷售量。

(2)銷售 550 及 800 單位之淨利多少？

2.尖石工廠利益結構如下：

利量率　　　　40%

固定成本　　　每年$1,000,000

試求：

(1)該公司損益兩平點。

(2)全年銷貨收入$3,000,000 時，淨利若干？

(3)若每年增加固定支出$3,000，則應增加銷貨多少方能彌補所增加支出？

3.五峰公司 20X2 年度損益資料如下：

	甲產品	乙產品	合　計
銷貨收入	$45,000	$45,000	$90,000
變動成本	9,000	36,000	45,000
邊際貢獻	$36,000	$ 9,000	$45,000
固定成本及費用			24,640
淨利			$20,360

試計算下列各項銷貨組合之損益平衡點：

(1)甲、乙各占銷貨收入的 50%。

(2)甲產品占銷貨收入的 60%，乙產品占 40%。

4.五結車材製造公司，針對旗下兩家子公司（三星公司與四湖公司）進行成本—數量—利潤分析：

(1)三星公司銷售汽車座椅，單位價格 140 元，每年固定成本 600,000 元，每單位變動成本包括變動製造成本 44 元和變動銷售成本 16 元。請問：每單位邊際貢獻為

多少？

(2)三星公司汽車座椅目前之單位價格 140 元，每單位變動成本包括變動製造成本 44 元和變動銷售成本 16 元。假設公司決定降價 20%，而原銷售量 40,000 單位可增加 10%，請問：淨利會減少多少？

(3)四湖公司的固定成本是 $900,000，損益兩平銷貨收入是 $4,500,000，若公司預計銷貨收入是 $5,400,000，請問：預計利潤數為多少？

第八章　解　答

一、選擇題

1.(A)　2.(C)　3.(C)　4.(C)　5.(C)　6.(D)　7.(C)　8.(D)　9.(C)　10.(B)

二、計算題

1.(1)每單位邊際貢獻＝$100 －$60 －$100×5%＝$35

　　固定成本=$（1,200+600+8,100+400+3,600×2）=$17,500

　　損益兩平點銷售量=$17,500÷$35=500（單位）

　(2)銷售 800 單位之淨利＝$35×800 －$17,500=$10,500

　　銷售 550 單位之淨利＝$35×550 －$17,500=$1,750

2.(1)損益兩平點銷貨額=$1,000,000÷40%=$2,500,000

　(2)淨利=$3,000,000×40%－$1,000,000=$200,000

　(3)每年增加固定支出$3,000，則需增加

　　$3,000÷40%=$7,500

3.甲產品之利量率＝$36,000÷$45,000=80%

　乙產品之利量率＝$9,000÷$45,000=20%

　(1)組合之利量率＝ 0.5×80%+0.5×20%=50%

　　損益兩平點金額＝$24,640÷50%=$49,280

　(2)組合之利量率＝ 0.6×80%+0.4×20%=56%

　　損益兩平點金額＝$24,640÷56%=$44,000

4.(1)單位邊際貢獻＝$140－（$44+$16）=$80

(2)原淨利＝（$140－$44－$16）×40,000=$3,200,000

降價後淨利＝[$140×（1－20%）－$44－$16]×[40,000×（1+10%）]=$2,288,000

淨利減少＝$3,200,000－$2,288,000=$912,000

(3)邊際貢獻率＝$900,000÷$4,500,000=20%

$5,400,000 ＝（$900,000+預計利潤）÷20%

預計利潤＝$180,000

歸納成本法與
變動成本法

第一節

變動成本的意義

　　本章所介紹的歸納成本法與變動成本法，其區分的標準為產品成本涵蓋的範圍；也就是說，在這兩種成本制之下，產品成本包含的項目是不同的。所以不論採用的是歸納成本法或變動成本法，也可同時採用分批成本制或分部成本制（其區分標準為製造的實體流程），也可同時採用實際成本制、或正常成本制、或標準成本制（其區分的標準為以預計或是實際成本入帳），也同時可採用先進先出法或後進先出法，是不會互相衝突的。

　　所謂歸納成本法，又可稱為全部成本法，是指將直接材料、直接人工及製造費用等所有製造成本包含於產品成本中，而行銷管理費用則視為期間成本。本書前面章節中所有的損益表皆是採用歸納成本制所編製而成的，這也是一般公認會計原則中所規定的損益表格式。

　　而變動成本法，又稱為直接成本法，是指直接材料、直接人工及變動製造費用等所有變動的製造成本包含於產品成本中，而行銷管理費用與固定製造費用則視為期間成本。所以歸納成本法與變動成本法最大的不同點就在於，對「固定製造費用」的處理方法。

　　既然歸納成本法的損益表格式是一般公認會計原則所規定的，為什麼要大費周章的再用另一種方法編製損益表呢？原因就是：企業的管理階層在制定產品的相關策略時，如產品定價策略、降低產品成本等，要進行一些分析，如成本─數量─利潤分析、差異分析等，發現歸納成本法的損益表並未提供變動與固定成本的資訊，需要另外的補充資料。因此才會出現變動成本法，把成本分為變動與固定兩部分來表達營業損益，以協助內部管理人員制定決策。

第二節

歸納成本法與變動成本法的比較

上一節已經提到，歸納成本法與變動成本法最大的不同點在於對固定製造費用的處理，表 9-1 將這兩個方法做了較詳細的比較。

根據表 9-1，我們可以看出基本上兩種方法的成本分類就有所不同：歸納成本法是依照功能別來將成本進行分類，因此分為製造成本（直接材料、直接人工及製造費用）與非製造成本（行銷管理費用）；而在變動成本法之下，將所有成本分為變動和固定兩個部分，在損益表分開表達。因此製造費用就被分為變動及固定兩部分來揭露，由於直接材料與直接人工全屬於變動成本，所以無分類的問題。

由表 9-1 中的第 2 點及第 3 點可以看出兩種方法最大的不同，就在歸納成本法將固定製造費用歸為產品成本的一部分；而變動成本法則視固定製造費用為期間成本，將其費用化。

最後一點，也是我們上一節提到的，一般公認會計原則所規定企業對外公布的損益表格式，是依照歸納成本法編製而成，因此其使用者為企業外部使用者；依照變動成本法編製的損益表，完全是為了提供企業管理階層有用的資訊，故屬於內部報表的一種，不能也不會向外公布，否則就會違反一般公認會計原則，所以使用者僅限於企業內部管理人員。

📖 表 9-1　歸納成本法與變動成本法的比較表

	歸納成本法	變動成本法
1. 成本的分類	以功能別來區分為製造與非製造成本	以成本習性來區分為變動與固定成本，但仍具有功能別的分法（製造與非製造）
2. 產品成本的範圍	直接材料 直接人工 製造費用（變動及固定）	直接材料 直接人工 變動製造費用
3. 期間成本的範圍	行銷管理費用	行銷管理費用 固定製造費用
4. 損益表使用者	一般外部使用者	僅限內部使用者

在瞭解歸納成本法與變動成本法的不同之後，接著，利用下列兩張圖來表示在兩種方法的成本累積的流程及報表表達的項目。透過這兩張圖，我們可以更清楚的瞭解兩種方法的區別。

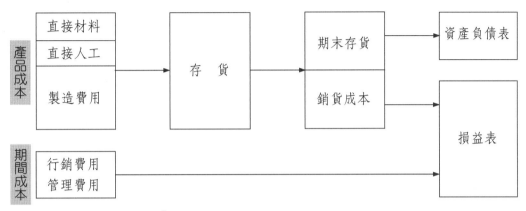

圖 9-1　歸納成本法的流程

圖 9-1 是我們平常編製報表的程序，將製造過程中發生的直接材料、直接人工及製造費用（包含變動與固定）累積至產品成本，製成後累計至存貨科目，出售後轉入銷貨成本科目，為損益表的一部分；若至期末尚未出售，則留在存貨科目，包含了未出售產品的直接材料、直接人工及製造費用（包含變動與固定），為資產負債表的流動資產。而行銷管理費用屬期間成本，也為損益表的一部分。

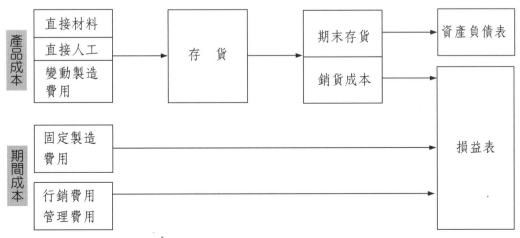

圖 9-2　變動成本法的流程

174

　　在變動成本法下，可以很清楚的發現固定製造費用並不計入產品成本中，也就是說，期末存貨中不包含任何固定製造費用，而是把固定製造費用當做期間成本，費用化於損益表上。其餘的步驟與歸納成本皆相同，在此不加贅述。

　　接下來，在進入下一節的釋例計算前，必須要先瞭解變動成本法下的損益表是如何編製的。下列是分別依照歸納成本法與變動成本法編製的損益表，把先前所介紹兩種方法差異以報表的方式表達，以幫助學習。表 9-2 是依照歸納成本法編製的損益表，可以看出製造成本與非製造成本（銷管費用），但不能分辨出變動成本與固定成本；而表 9-3 是依照變動成本法編製的損益表，可以看出製造成本與非製造成本，但同時也能清楚的分辨出變動成本與固定成本，而且計算出來的邊際貢獻對損益兩平點的分析是很有用的。

表 9-2　歸納成本法下的損益表

損益表—歸納成本法		
銷貨收入		****
銷貨成本：		
期初存貨	****	
製造成本*	****	
減：期末存貨	(***)	(**)
銷貨毛利		****
銷管費用		(***)
營業利益		****
*包括直接材料、直接人工及製造費用		

表 9-3　變動成本法下的損益表

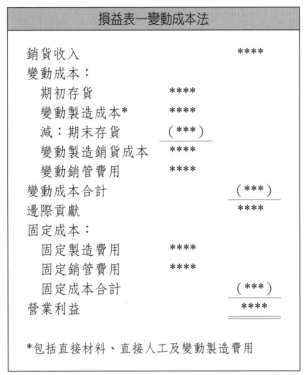

損益表—變動成本法		
銷貨收入		****
變動成本：		
期初存貨	****	
變動製造成本*	****	
減：期末存貨	(***)	
變動製造銷貨成本	****	
變動銷管費用	****	
變動成本合計		(***)
邊際貢獻		****
固定成本：		
固定製造費用	****	
固定銷管費用	****	
固定成本合計		(***)
營業利益		****

*包括直接材料、直接人工及變動製造費用

第三節

歸納成本法與變動成本法的釋例

　　為了簡化釋例，在此假設皆採實際成本制編製報表，亦即所有成本皆以實際發生的金額入帳，而且以先進先出法計算成本。

範例一　無期初存貨

多多貓食公司專門生產各種口味的貓食，在 20X1 年實際生產了 6,000 罐高級貓食罐頭，實際銷售了 5,000 罐，每罐 30 元，成本資料如下：每罐直接材料 6 元，每罐直接人工 4 元，每罐變動製造費用 4 元，變動銷管費用為銷貨收入的 3%，每年固定製造費用為 15,000 元（每罐固定製造費用為 2.5 元），每年固定銷管費用為 5,000 元。20X1 年度損益表，分別以歸納成本法與變動成本法編製如下，表 9-4 為兩種方法下每罐高級貓食的單位成本。

📖 表 9-4　每罐高級貓食的單位成本

單位成本—歸納成本法		單位成本—變動成本法	
直接材料	$6.00	直接材料	$6.00
直接人工	4.00	直接人工	4.00
製造成本：		變動製造成本	4.00
變動製造成本	4.00	總單位成本	$14.00

📖 表 9-5　歸納成本法下的損益表

損益表—歸納成本法		
銷貨收入*		$150,000
銷貨成本：		
期初存貨	$ —	
製造成本**	99,000	
減：期末存貨***	（16,500）	（82,500）
銷貨毛利		$67,500
銷管費用****		（9,500）
營業利益		$58,000

*（$30×5,000）
**（$16.5）×6,000
***（$16.5）×（6,000 − 5,000）
****$150,000×3%+$5,000

表 9-6　變動成本法下的損益表

損益表─變動成本法		
銷貨收入		$150,000
變動成本：		
期初存貨	$ —	
變動製造成本*	84,000	
減：期末存貨**	（14,000）	
變動製造銷貨成本	$ 70,000	
變動銷管費用***	4,500	
變動成本合計		（74,500）
邊際貢獻		$ 75,500
固定成本：		
固定製造費用	$ 15,000	
固定銷管費用	5,000	
固定成本合計		（20,000）
營業利益		$ 55,500

*$14×6,000
**$14×1,000
***$150,000×3%

範例二　有期初存貨

　　延續上一個釋例，要編製多多貓食公司 20X1 年及 20X2 年的比較損益表，相關的成本資料與產銷量資料如表 9-7，要注意的是 20X2 年與 20X1 年不同的地方在於 20X2 年有期初存貨：

📖 表 9-7　多多貓食公司兩年度的產銷量及成本資料

	20X1 年	20X2 年
期初存貨	0	1,000
實際生產量	6,000	5,500
實際銷售量	5,000	6,000
期末存貨	1,000	500

	20X1 年	20X2 年
售價	$30.00	$30.00
單位直接材料	6.00	6.00
單位直接人工	4.00	4.00
單位變動製造費用	4.00	4.00
固定製造費用	$15,000	$14,850
單位固定製造費用	$2.50	$2.70
變動銷管費用*	3%	3%
固定銷管費用	5,000	5,000

*銷貨收入的 3%為變動銷管費用

先計算兩年度的單位成本（表 9-8），再編製比較損益表（表 9-9 及表 9-10）。

📖 表 9-8　兩年度每罐高級貓食的單位成本

單位成本─歸納成本法			單位成本─變動成本法		
	20X1 年	20X2 年		20X1 年	20X2 年
直接材料	$6.00	$6.00	直接材料	$6.00	$6.00
直接人工	4.00	4.00	直接人工	4.00	4.00
製造成本：			變動製造成本	4.00	4.00
變動製造成本	4.00	4.00	總單位成本	$14.00	$14.00
固定製造成本	2.50	2.70			
總單位成本	$16.50	$16.70			

表 9-9　歸納成本法下的比較損益表

損益表—歸納成本法				
	20X1 年		20X2 年	
銷貨收入*		$150,000		$180,000
銷貨成本：				
期初存貨	$ —		$16,500	
製造成本**	99,000		91,850	
減：期末存貨***	（16,500）	（82,500）	（8,350）	（100,000）
銷貨毛利		$ 67,500		$ 80,000
銷管費用****		（9,500）		（10,400）
營業利益		$ 58,000		$ 69,600

*20X1 年：$30×5,000；20X2 年：$30×6,000

**20X1 年：$16.5×6,000；20X2 年：$16.7×5,500

***20X1 年：$16.5×1,000；20X2 年：$16.7×500

****20X1 年：$150,000×3%+$5,000；20X2 年：$180,000×3%+$5,000

表 9-10　變動成本法下的比較損益表

損益表—歸納成本法				
	20X1 年		20X2 年	
銷貨收入		$150,000		$180,000
變動成本：				
期初存貨	$ —		$ 14,000	
變動製造成本*	84,000		77,000	
減：期末存貨**	（14,000）		（7,000）	
變動製造銷貨成本	$ 70,000		$ 84,000	
變動銷管費用***	4,500		5,400	
變動成本合計		（74,500）		（89,400）
邊際貢獻		$ 75,500		$ 90,600
固定成本：				
固定製造費用	$ 15,000		$ 14,850	
固定銷管費用	5,000		5,000	
固定成本合計		（20,000）		（19,850）
營業利益		$ 55,500		$ 70,750

*20X1 年：$14×6,000；20X2 年：$14×5,500

**20X1 年：$14×1,000；20X2 年：$14×500

***20X1 年：$150,000×3%；20X2 年：$180,000×3%

由於在此假設採用實際成本制，但實務上，有採用正常成本制及標準成本制的情形，編製損益表的方法是相同的，但是要考慮差異分析的部分。

調節表

學會了如何運用變動成本法編製損益表之後，接下來就要學習如何編製調節表，從變動成本法的營業利益，調節至歸納成本法的營業利益。首先，我們要先知道兩種方法的差異在何處，才能進行調節。我們仍舊利用上一節的釋例來分析差異（表 9-11）。

表 9-11　歸納成本法與變動成本法兩年的差異

	20X1 年	20X2 年
歸納成本法	$58,000	$69,600
變動成本法	（55,500）	（70,750）
差異數	$ 2,500	$ (1,150)

整個章節中，我們一直強調兩種方法的差異主要在固定製造費用的處理，歸納成本法將製造費用包含於產品成本中，因此當有未出售的產品時，有部分的固定製造費用不會轉入銷貨成本，而留在存貨；但是變動成本法將固定製造費用視為期間成本，固定製造費用完全不會進入存貨科目中，而存貨（不論期初或期末）會影響到銷貨成本的計算，進而影響營業利益的金額，由此可知，兩種方法的差異，就在歸納成本法下，期初存貨與期末存貨中固定製造費用的部分。

先針對 20X1 年的差異進行分析。從上一節的釋例中可以知道，由於生產 6,000 罐貓食，卻只有出售 5,000 罐，產生了期末存貨 1,000 罐，而且沒有期初存貨，因此會造成兩種方法不同的地方，只在歸納成本法下期末存貨中固定製造費用的部分，期末存貨為$16,500（$16.5 × 1,000 罐），其中固定製造費用為 $2,500（$2.5 × 1,000罐），就正好是兩種方法的差異數。

接著，分析 20X2 年的差異。20X1 年的期末存貨 1,000 罐就是 20X2 年的期

初存貨，在 20X2 年中，生產 5,500 罐貓食，卻出售了 6,000 罐，產生了期末存貨 500 罐（1,000+5,500−6,000），因此造成兩種方法不同的地方，除了期末存貨中固定製造費用的部分\$1,350（\$2.7×500 罐），還有期初存貨中固定製造費用的部分\$2,500。把\$1,350 減去\$2,500，即得到兩種方法的差異數（\$1,150）。

因此，我們可以歸納出一個公式來計算兩種方法的差異數：

歸納成本法營業利益	−	變動成本法營業利益	=	期末存貨中固定製造費用	−	期初存貨中固定製造費用

套入上一節釋例的資料：

20X1 年　　\$58,000 −\$55,500=\$2,500 −\$0

20X2 年　　\$69,600 −\$70,750=\$1,350 −\$2,500

接下來就要進行調節表的編製（表 9-12）。

表 9-12　調節表

調節表		
	20X1 年	20X2 年
變動成本法營業利益	\$55,500	\$70,750
調整：		
減：期初存貨中固定製造費用	—	(2,500)
加：期末存貨中固定製造費用	2,500	1,350
歸納成本法營業利益	\$58,000	\$69,600

第五節

超級變動成本法

現在要提到的超級變動成本法或貫穿（產出）成本法（Throughput Costing or Super-Variable Costing），同樣也是提供管理階層決策資訊的方法，以內部報

告及短期觀點，基本觀念與先前介紹的變動成本法是相同的，唯一不同的地方就在產品成本的範圍，也算是變動成本法的極端形式。

變動成本法將所有變動製造成本皆包含在產品成本中，但超級變動成本法下的產品成本只包含直接材料。而編製損益表的方法和變動成本法是相同的，唯一要注意的是，銷貨收入減去直接材料後，稱為「貫穿貢獻」（Throughput Contribution）。

第九章 習 題

一、選擇題

( ) 1.在管理會計技術中，下列哪一種計算成本方式，可編製邊際貢獻式損益表，以提供短期決策分析？ (A)歸納成本法 (B)完全成本法 (C)固定成本法 (D)變動成本法。

( ) 2.變動成本法與歸納成本法之主要差異為何？ (A)對固定行銷成本之會計處理不同 (B)對變動製造費用之會計處理不同 (C)是否將固定製造費用列為期間成本 (D)是否將固定銷管成本列為期間成本。

( ) 3.有關「變動成本法」，下列敘述，何者錯誤？ (A)變動成本法忽略長期利潤目標 (B)變動成本法便於成本分析及控制 (C)變動成本法便於管理與考核 (D)變動成本法降低企業舉債能力。

( ) 4.下列敘述，何者正確？ (A)變動成本法（variable costing）可便利企業編製對外損益表 (B)在變動成本法下，單位產品成本會受生產數量變動之影響 (C)在變動成本法下，損益表依邊際貢獻基礎編製時，變動銷管成本計入存貨成本中 (D)在歸納成本法（absorption costing）下，即使銷售額較上期增加，售價及營業成本不變，營業淨利仍有可能較上期減少。

( ) 5.比較歸納成本法與直接成本法的營業利益時，在何種情況下，直接成本法的營業利益將大於歸納成本法的營業利益？ (A)當期初存貨的數量等於期末存貨的數量 (B)當期初存貨的數量小於期末存貨的數量 (C)當期初存貨的數量大於期末存貨的數量 (D)以上皆非。

( ) 6.下列何種方式可用於計算歸納成本法與變動成本法間淨利的差額？ (A)本期銷貨額減去前期銷貨額 (B)固定製造成本加上生產數量差異 (C)生產單位數乘以預計固定製造成本率 (D)期末存貨的固定製造費用減去期初存貨的固定製造費用。

( ) 7.下表資料為獅潭公司今年度採用甲方法及乙方法所求得的存貨資料：

	甲方法	乙方法
期初存貨	$500,000	$400,000
期末存貨	300,000	275,000

(A)甲方法為超級變動成本法（throughput costing），乙方法為變動成本法（variable costing）　(B)甲方法為變動成本法（variable costing），乙方法為歸納成本法（absorption costing）　(C)甲方法為歸納成本法（absorption costing），乙方法為變動成本法（variable costing）　(D)甲方法為超級變動成本法（throughput costing），乙方法為歸納成本法（absorption costing）。

(　　)8.水林公司根據變動成本法所計算的淨利為$250,000，當期期初存貨5,000件，期末存貨5,500件。假設固定製造費用分攤率為每件$10，若其他條件不變，請問：採歸納成本法之淨利是多少？　(A)$245,000　(B)$250,000　(C)$255,000　(D)$260,000。

(　　)9.水上公司20X2年各項製造成本資料如下：直接原料及直接人工$280,000、變動製造費用$40,000、生產設備折舊$32,000、其他固定製造費用$7,200。若水上公司編製對外財務報表時，請問：應列報多少製造成本？　(A)$280,000　(B)$320,000　(C)$352,000　(D)$359,200。

(　　)10.鹿港公司產品單位成本資料如下：直接材料$100，直接人工$80，變動製造費用$140，固定製造費用$160，變動銷售及管理費用$70，固定銷售及管理費用$130，在歸納成本法及變動成本法下，存貨的單位成本分別為何？
(A)歸納成本法下存貨的單位成本$480；變動成本法下存貨的單位成本$320
(B)歸納成本法下存貨的單位成本$640；變動成本法下存貨的單位成本$320
(C)歸納成本法下存貨的單位成本$480；變動成本法下存貨的單位成本$390
(D)歸納成本法下存貨的單位成本$640；變動成本法下存貨的單位成本$390。

二、計算題

1.泰安公司生產單一產品，其各項成本如下：

變動製造成本：每單位$3

固定製造費用：每年度$200,000

正常生產能量：200,000

無期初及期末在製品存貨

20X1 年度生產 200,000 單位，出售 90%，每單位售價$6。20X2 年度生產 210,000 單位，出售 220,000 單位，每單位售價與 20X1 年度相同。

試求：

(1)根據下列兩種方法，請編製 20X1 年度及 20X2 年度損益表：

　①歸納成本法

　②直接成本法

(2)在年度報表中，調整其營業利益數字。

2.花壇公司 20X1 年度及 20X2 年度損益表上數字如下：

	20X1 年	20X2 年
銷貨收入	$300,000	$450,000
營業利益	55,000	35,000

該公司某股東對於財報上所列報數字有些許疑問，為何 20X2 年銷貨收入較 19X9 年增加 50%，何以淨利反而較低？經該公司會計主任解釋稱：「該項損益表係按傳統方式編製，20X1 年有一部分期間成本歸由 20X2 年負擔，如果按直接成本法編製，則無此弊端，並可揭示真相。」經查核兩年度業務記錄所得資料如下：

	20X1 年	20X2 年
銷貨量	20,000	30,000
生產量	30,000	20,000
每單位售價	$15	$15
每單位變動成本	5	5
固定製造費用	180,000	180,000
固定製造費用分攤率		
（每單位產品分配額）	6	6
固定銷管費用	25,000	25,000

試求：

(1)編製 20X1 年度及 20X2 年度傳統式之損益表。

(2)編製 20X1 年度及 20X2 年度直接成本法之損益表。　　　　　【高考試題】

3.伸港公司 20X1 年度各項經營資料如下：

　　　　成本：

　　　　　每單位產品變動成本：

　　　　　　原料及人工　　　　　　$4.50

　　　　　　製造費用　　　　　　　1.00

　　　　　　　　　　　　　　　　　$5.50

　　　　　固定成本：

　　　　　　製造費用　　　　　　$250,000

　　　　　　銷管費用　　　　　　　100,000

　　　　　　　　　　　　　　　　$350,000

　　　　　產銷狀況：

　　　　　　生產能量　　　　100,000 單位

　　　　　　銷貨量　　　　　　95,000 單位

　　　　　　生產量　　　　　　90,000 單位

各項變動成本差異借差$4,500。製造費用按生產能量分攤。各項差異及多或少分攤製造費用均轉入銷貨成本。每單位售價$10。

試求：

(1) 根據上述資料按傳統方式及直接成本法編製其損益表。

(2)列表說明上述兩表營業利益不同的原因（即調節兩者營業利益差異）。

(3)如該年度銷貨量為 90,000 單位，生產量為 95,000 單位，其營業利益應為若干？

　　試分別按上述兩法重行計算之（僅列算式，不必編表）。　　　【高考試題】

4.大安公司按每單位$2 出售甲產品，該公司採先進先出法，並按實際成本計算其固定製造費用分攤率。換言之，每年均按實際固定製造費用除以實際產量，重新計算固定製造費用分攤率。

該公司 20X1 年及 20X2 年相關資料如下：

	20X1 年	20X2 年
銷貨量	1,000	1,200
生產量	1,400	1,000
成本：		
製造：		
變動	$700	$500
固定	700	700
變動銷管費用	100	120
固定銷管費用	400	400

試求：

(1) 歸納成本法的兩年度損益表。

(2) 直接成本法的兩年度損益表。

(3) 解釋在兩種方法下，產生營業利益差異的原因。　　　　【CMA 試題改編】

第九章　解答

一、選擇題

1.(D)　2.(C)　3.(D)　4.(D)　5.(C)　6.(D)　7.(C)　8.(C)　9.(D)　10.(A)

二、計算題

1.(1)① 歸納成本法下之損益表：

	歸納成本法	
	20X1 年	20X2 年
銷貨：180,000@$6	$1,080,000	
220,000@$6		$1,320,000
銷貨成本：		
製造成本：		
變動成本：200,000@$3	$600,000	
210,000@$3		$630,000
固定成本：200,000@$1	200,000	
210,000@$1		210,000
	$800,000	$840,000
期初存貨：		
20,000@$4	0	80,000
期末存貨：		$920,000
20,000@$4	80,000	
10,000@$4		40,000
		$880,000
有利能量差異：10,000@$1	—	10,000
銷貨成本	$720,000	$870,000
營業利益	$360,000	$450,000

② 直接成本法下之損益表：

		直接成本法	
		20X1 年	20X2 年
銷貨：	180,000@$6	$1,080,000	
	220,000@$6		$1,320,000
變動銷貨成本：			
變動製造成本：	200,000@$3	$600,000	
	210,000@$3		$630,000
減：期末存貨：	20,000@$3	60,000	
	10,000@$3		30,000
			$600,000
加：期初存貨：			
	20,000@$3		60,000
變動銷貨成本		$540,000	$660,000
邊際利益		$540,000	$660,000
減：固定製造費用		200,000	200,000
營業利益		$340,000	$460,000

(2)

	20X1 年度	20X2 年度
直接成本法之營業利益	$340,000	$460,000
期末存貨價值低估：$80,000 −$60,000	20,000	
$40,000 −$30,000		10,000
	$360,000	$470,000
期初存貨價值低估：$80,000 −$60,000		20,000
歸納成本法之營業利益	$360,000	$450,000

2.(1)傳統式損益表：

大華公司
損益表
20X1 年度及 20X2 年度

	20X1 年度		20X2 年度	
銷貨收入		$300,000		$450,000
銷貨成本：	$0		$110,000	
期初存貨				
加：製造成本				
變動成本	150,000		100,000	
固定製造費用	180,000		180,000	
	330,000		390,000	
減：期末存貨	110,000	220,000	0	390,000
銷貨毛利		80,000		60,000
減：固定銷管費用		25,000		25,000
營業利益		$55,000		$35,000

(2)直接成本法之損益表：

大華公司
損益表
20X1 年度及 20X2 年度

	20X1 年度		20X2 年度	
銷貨收入		$300,000		$450,000
減：變動銷貨成本：				
期初存貨	$0		$ 50,000	
變動成本	150,000		100,000	
	$150,000		$150,000	
減：期末存貨	50,000	100,000	0	150,000
邊際利益		$200,000		$300,000
減：固定製造費用	$180,000		$180,000	
固定銷管費用	25,000		25,000	
減：固定銷管費用		205,000		205,000
營業利益		$（5,000）		$95,000

3.(1)①傳統式損益表：

伸港公司
損益表
20X1 年度

銷貨收入：　$10×95,000		$950,000
減：銷貨成本：		
標準成本：$8×95,000	$760,000	
變動成本差異	4,500	
能量差異（固定成本差異）		
（100,000 － 90,000）×$2.5	25,000	789,500
銷貨毛利		$160,500
減：銷管費用		100,000
營業利益		$ 60,500

②直接成本法之損益表：

伸港公司
損益表
20X1 年度

銷貨收入		$950,000
減：變動銷貨成本：		
標準成本：$5.50×95,000	$522,500	
變動成本差異	4,500	527,000
邊際利益		$423,000
固定成本：		
製造費用	$250,000	
銷管費用	100,000	350,000
營業利益		$73,000

(2)

	直接成本法	歸納成本法	差 異
營業利益	$73,000	$60,500	$12,500
存貨成本：			
存貨數量減少			
（95,000 － 90,000）	5,000	5,000	
每單位應攤固定成本	0	2.50	－
存貨成本差異	$0	$12,500	$12,500

(3)

	歸納成本法	直接成本法
銷貨收入	$900,000	$900,000
銷貨成本：		
標準製造成本		
$8×95,000	$760,000	
$5.5×95,000		$522,500
變動成本差異	4,500	4,500
能量差異（固定成本差異）：		
（100,000 － 95,000）×$2.5	12,500	
	$777,000	$527,000
減：存貨增加：		
（95,000 － 90,000）×$8	40,000	
（95,000 － 90,000）×$5.5		27,500
銷貨毛利	$737,000	$499,500
邊際利益	$163,000	$400,500
固定成本：		
製造費用		250,000
銷管費用	100,000	100,000
	$100,000	$100,000
營業利益	$63,000	$50,500

4.(1)歸納成本法：

大安公司

損益表

20X1 年度及 20X2 年度

	20X1 年度		20X2 年度	
銷貨收入：$2×1,000		$2,000		
$2×1,200				$2,400
減：銷貨成本：				
期初存貨		$0		$ 400
製造成本		1,400		1,200
		$1,400		$1,600
減：期末存貨：				
400 單位@$1.00	400			
200 單位@$1.20		1,000	240	1,360
銷貨毛利		$1,000		$1,040
減：銷管費用		500		520
營業利益		$500		$520

(2)直接成本法：

大安公司

損益表

20X1 年度及 20X2 年度

	20X1 年度		20X2 年度	
銷貨收入：		$2,000		$2,400
減：變動成本：				
期初存貨	$0		$200	
加：變動製造成本	700		500	
	$700		$700	
減：期末存貨：				
400 單位@$0.5	200			
200 單位@$0.5		500	100	600
		$1,500		$1,800
減：變動銷售費用		100		120
邊際利益		$1,400		$1,680
減：固定成本：				
固定製造費用		700		700
固定銷管費用		400		400
營業利益		$300		$580

(3)

	直接成本法	歸納成本法	差　異
20X1 年度：			
營業利益	$300	$500	$200
存貨價值增加（減少）	$200	$400	$200
20X2 年度：			
營業利益	$580	$520	$（60）
存貨價值增加（減少）	$160	$100	$（60）

第十章

新環境下成本管理技術

過去半世紀，因都市化、氣候變遷、能資源短缺、人口成長、生態破壞、以及富有化的趨勢，使得「永續發展」成為企業所需共同面臨之挑戰與契機。企業從專注於產品效能之提升及製程優化之短期效益，進展到追求可持續發展的商業模式。眾多標竿企業已將企業永續發展議題整合至營運策略中，以有效結合企業核心能力、管理風險與效率，同時加強產品、技術與商業模式在環境與社會面向的創新，亦強化企業社會責任（CSR）及永續治理。

就科技產業鏈來說，大型企業已整合大數據、物聯網、雲端服務，投放資源邁向數位轉型、智慧製造與循環經濟，而中小企業也利用數位化工具與平台，以策略結盟方式獲取外部夥伴資源，藉由強弱項互補與資源共享，有效地降低風險管理成本、提升競爭力，以爭取國際機會。

上述之發展狀況，除大幅度改變企業的經營策略外，也改變了成本與管理會計的技術。學界與業界也提出諸多研究建議、實施方案與成果。本章將介紹作業基礎成本制、成本管理方法、平衡計分卡、知識管理及知識經濟與企業資源規劃等。

第一節

作業基礎成本制

● 一、管理概念

過去傳統的成本管理只注重人工、物料等數字成本，但事實上，這些成本對整個企業的成本來說只是一小部分，成本管理系統的發展過程過去只注重標準成本，人工、物料等直接成本都只是對「量」的偏重，而對決策資訊的幫助其實相當有限。隨著 ABC（Activity-Based Costing，作業基礎成本）制度的發展及電腦軟體的發展，也就是 1990 年代的第一波改革，ABC 制度正式進入了所謂實驗的階段，各企業將之導入實際作業當中，而漸漸的發揮成本資訊的價值，也有較好的成本概念，但是對風險成本的觀念卻相當有限。而到了 90 年代的第二波改革，ABM（Activity-Based Management，作業基礎管理）制度隨即

發展出來，並將成本管理的概念擴展至整個企業管理面，也強調制度間的整合，如與績效評估制度、獎酬制度的連結，也因為所提供的資訊愈來愈精密及即時，它所扮演的決策支援的角色也相對的重要了起來。

首先，我們先回顧前面幾章對傳統成本及管理制度的描述，可以將傳統的成本及管理制度的特性及其無法面對新環境下的理由，彙整如表 10-1 所示。

📖 表 10-1　傳統成本管理制度的特性及其無法面對新環境下的理由

特　性	理　由
強調以財務報告來引導	不合時宜之管理資料
數量為基礎之總合製造費用分攤方式	大量產品補貼少量產品
半變動成本當為變動或固定成本	製造費用分攤不正確
月財務性績效回饋	無質方面之績效衡量
強調成本控制	重視無附加價值之費用
重視財務會計衡量之激勵	強調短期性而非長期性之衡量

資料來源：Chalos, P., 1992,「新製造環境下成本管理制度」。

由表 10-1 可清楚瞭解，過去傳統的成本及管理制度多偏重在成本面及財務面的資訊，面對新環境競爭將不敷使用，於是新的成本管理制度引進了「品質」、「時間」、「價值」、「彈性」及「顧客滿意度」的觀念，使得會計制度與行銷策略將能更緊密的結合，進而提升公司整體的經營績效。從決策者角度來看，傳統的成本制度實在無法提供及時且足夠的資訊作為決策參考的依據，譬如說，「顧客面」、「產品面」及「行銷作業面」的資訊都是決策者在作決策時非常重要的資訊，但傳統的成本制度卻無法提供，也清楚得知傳統的成本管理系統因受財務會計之影響甚大，所以太偏向財務面，以及財務面之績效評估；且因製造費用之分攤不甚合理，所以易造成產品間成本互相補貼之效果。而一套成本管理系統必須達到三個目的：(1)外部財務報導；(2)產品／顧客成本；(3)營運及策略性控制。

因此，若一公司非常需要有最基本的「產品及顧客別之成本資訊」，以及「日常營運及策略性控制之資訊」時，則需要實行 ABC 及 ABM 制度。若一企業面臨著非常競爭之環境時，則產品及顧客別之成本與利潤資訊，對於競爭之

方向及策略之導向是相當地重要。

　　ABC 之基礎工程為「作業」，因此，在實施 ABC 之前，公司之作業流程合理化及作業管理及分析之工作應該先做，亦即應該先打好「基礎工程」，才能獲致事半功倍之效果。當基礎之「作業流程」完工後，短期內應以完成ABC 為主，中期以完成 ABM 及 ABB（Activity-Based Budgeting，作業基礎預算）為主，又長期則以達到整合性策略成本管理制度之方向為主。ABC之實施範圍應包括公司所有價值鏈之作業，亦即包括直接（如製造及運送產品之作業等）及間接（如會計及人事作業等）兩部分。而且宜先從直接作業部分為主先實施，如從製造作業先從事 ABC 之分析，較易掌握方向，因製造作業及流程較易釐清及劃分，所以在從事 ABC 分析時也較易獲致明確的效果。另外對服務業而言，在實施 ABC 之時，應先確定服務之產品，然後再釐清其相關作業，因為對服務業而言，其服務之產品往往不易具體化，所以，第一步得先確定「服務」之產品，才容易順暢地實施ABC制度。

　　從事ABC之分析應先瞭解其基本架構，ABC制度之基本要素包括六項：

1.資源

　　此要素即為「會計科目」之費用，如水電費、折舊費、房租費等。在從事ABC分析時，原來之會計傳票可能需跟著改變，儘量將資源歸屬到各作業中心去。

2.作業中心

　　此中心儘量能區分出作業之差異性的情況，如倉儲作業中心及採購作業中心是完全不相同的作業性質。又作業中心之決定應配合著未來管理方向，因作業中心將成為一個最基本的「管理單位」。

3.作業中心之作業

　　此部分為價值鏈之作業流程及作業價值分析之部分，此部分即為前面所談「基礎工程」的部分。此部分之資訊因部門別之不同而異，且只有自己部門最清楚自己的作業情況，從此內容中，吾人即可清楚地看出 ABC 係結合會計部

門之「資源」資訊與其他部門之「作業」資訊而形成的。此與傳統之以「帳戶」累積成本資訊的作法大不相同。

4.資源動因

此係將資源分攤至「作業中心」或「作業」之基礎。如房租係以作業中心之「坪數」為基礎，分攤出去，此坪數即為「資源動因」。

5.作業動因

此要素係將作業中心之成本分攤至成本標的之基礎。如A作業中心之成本係以機器小時分攤至產品（成本標的）中心。

6.成本標的

此為成本計算之終極目的，包括產品、顧客、計畫及部門別等。

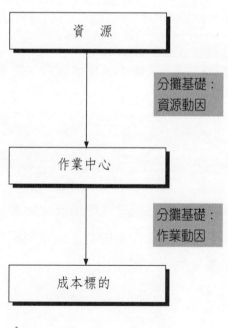

圖 10-1　ABC 架構圖

在實行 ABC 之初，最基本之成本標的應包括產品（製造業）及顧客層面（服務業）此兩部分。俟此兩層面之成本資訊產生後，再慢慢地擴大成本標的

之層面為宜。

　　ABC觀念實結合「作業」與「成本管理」兩大部分，即形成其具體觀念，成本管理之三要素包括：「成本面」、「品質面」及「時間面」之資訊，當與「作業」之觀念結合後，即形成了ABC之具體觀念，如圖10-2。透過實施ABC之後，吾人可以知道「製造作業」所耗之成本（此屬成本資訊）為何？在此「製造作業」中有多少瑕疵品發生（此屬品質資訊）？及此「製造作業」花了多少製造時間（此屬時間資訊）？因此，要深植ABC觀念之前，首先得去除傳統之成本三要素：直接材料、直接人工及製造費用之帳戶觀念，取而代之的為：「作業」與「成本管理」三要素：「成本、品質、時間」之結合觀念。企業若能生根此一觀念，則易達到營運及管理之績效。

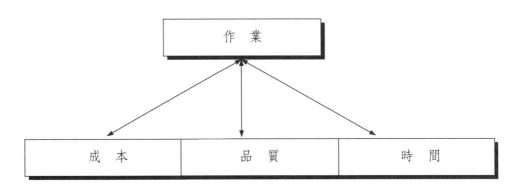

圖 10-2　作業與成本管理結合圖

　　當ABC之觀念深植後，才易影響公司各層人員的管理，然後才易推動ABM之執行。因為ABM之主要目的為將ABC產生之資訊提供給管理者作為管理決策之參考。而管理決策包括「策略」、「政策」及「營運」等三方面，其範圍及內容實為甚廣。因此，ABM 之資訊得考慮：(1)管理階層，(2)決策內容，(3)資訊需求，及(4)資訊提供時間等四方面。

　　蒐集資料時最重要的是要考慮成本效益之問題。若公司實行ABC之目的，僅在達到「成本分攤」之合理性時，則此資料蒐集之成本，根本就不夠效益。其實 ABC 只是一個開頭，它是傳統成本系統之再生，實施 ABC 真正的目的應該是要達到 ABM 及 ABB，甚至做到整合性策略成本管理之功能，亦即達到

Kapaln 及 Cooper 所說的第四階段之成本系統之功能時，其效益才大。在實施 ABC時，資料大約包括三類：(1)資料已存在，且在電腦檔中；(2)資料存在於日常之管制報表中，但仍未建檔；及(3)資料仍未存在。一般而言，只要公司經營愈久時，前兩項之資訊往往已是不少，因而只要再花一些工夫設計表單和蒐集仍未存在之資料，即可解決資料蒐集之問題。

另外，又在ABC制度中，最需要蒐集的是資源動因及作業動因之資料，此兩項皆稱為成本動因，蒐集此兩項成本動因之資料時，必須注意：

1.產能問題

產能包括實際產能及預計產能兩種。例如，銀行之自動櫃員機（ATM）之使用時可區分為實際使用時間（實際運用產能）以及預計可使用時間（預計產能）之問題。不同產能，會用在不同的決策功能上，如預計產能適於定價之用，而實際產能則適於績效評估之用。

2.生命週期問題

若我們能事先預計成功的客戶留在公司之生命週期，如為10年時，則應將行銷費用分10年攤給客戶為宜。

3.成本動因之選擇

若能找到一個最具代表性之成本動因時，則以一個為宜。其實為實施之便，儘量以一個成本動因為要。

再者，若欲結合其他各管理制度，以及整合其資訊，主要在於每一制度之基本元素（或稱基礎工程）需要一樣，才能達到整合之效果。因此，要將ABC及ABM制度與其他制度相結合，最主要的是靠「作業」此項基本元素。例如，品質成本制度若能以「作業別」為骨幹來從事品質成本之分析時，則易與ABC及ABM制度結合，俾提供企業有用之成本、品質及時間之相關資訊。近年來，台灣對作業流程合理化之工作已投下不少心力，所以已逐漸奠定基本元素──「作業」此基礎工程，此不僅對 ABC 及 ABM 之實施有大助益，且對各種制度

之結合也有所幫助。

目前歐美企業非常重視企業資源規劃系統（Enterprise Resource Planning, ERP）之實施，如市面上被使用之 SAP、Oracle 等系統，這些系統已結合企業之所有價值鏈之作業，因而易達企業整體作業及資源整合的效果。在可預見此系統運作下，未來要將 ABC 及 ABM 制度與其他制度相互結合，俾形成一套整合性之策略成本管理系統。台灣已有不少企業對 ERP 系統相當重視，且實施者已愈來愈多，此實符合時代之所趨及實際之所需。

最後，若企業以整合各管理系統為目的，可分為垂直性整合及水平性整合。所謂垂直性整合，係指如何將成本管理系統與公司之其他系統包括生產管理系統，如 CIM；品質管理系統，如 ISO-9000；策略管理系統，如產業及競爭分析與 SWOT 分析等之結合。另外，所謂水平性整合係指如何將成本管理系統中之各項技術，如 ABC 與目標成本制度及 BSC（Balanced Score Card，平衡計分卡）等制度加以整合，俾形成一套完整且精良的成本管理系統。

成本管理系統勢必要與其他系統整合一體，才易發揮成本管理系統之功能。成本管理系統之目的在促進公司目標及願景之達成，惟為達成公司之目標及願景，應該從事產業結構分析及 SWOT 分析等，然後才易形成公司之策略，因此，將這些內容結合一體稱為「策略形成系統」階段。又公司之策略有賴平衡計分卡之實施，因而稱平衡計分卡制度為「策略具體行動化系統」階段。透過價值鏈分析將所有作業整合，而平衡計分卡中的內部程序面即可與價值鏈分析結合一體，因為兩者皆對公司內部營運的所有功能加以仔細分析及研討。價值鏈分析係以「作業為骨幹」，因而價值鏈分析需與「作業管理及分析」與「作業流程合理化」分析相互結合一體，此結合之內容稱為「基礎工程系統：以作業為導向」階段。當公司有了好的基礎工程之後，才易推動「成本管理系統」階段。因此，「成本管理系統」應該包括兩個層面；一為成本管理之資訊構面，如成本、品質、時間、彈性或價值面資訊；另一為提供成本管理資訊之各項成本管理技術，如 ABC、ABM、目標成本、品質成本或產能成本等制度。

成本管理系統之水平整合內容包括兩部分，首先應先從成本管理資訊構面著手。一般而言，成本管理資訊構面大約分成五項：成本、品質、時間、彈性及價值面等。在不同之資訊構面上會有不同之成本管理技術來提供，例如，就

「成本」資訊構面而言，(1)作業制成本及管理制度可提供產品或顧客之收入、成本及獲利資訊；(2)產能成本及管理制度則可提供設備及人員之產能成本及績效管理資訊；(3)生命週期成本制度則可提供產品及顧客生命週期之成本資訊；(4)目標成本制則可提供產品之目標成本及產品成本降低之資訊等；(5)品質成本可提供為品質所付出之代價為何之資訊，又生命週期及循環時間可提供「時間」面的資訊，產品多樣化及組合分析可提供「彈性」面之資訊；(6)價值鏈分析可提供「價值」面之資訊，因此，這些成本管理技術所產生之資訊皆會構成「績效評估」之一環，所以在最後將(7)績效評估制度納入成為成本管理之技術之一。

唯有透過整合後之管理系統，才能結合公司之策略面系統，且可結合公司之營運及作業面系統，如此才會去除公司在各部門或各功能中擁有相當多的獨立系統，而造成各自為政，才可真正發揮管理效益。

● 二、會計處理

在新製造環境下，由於傳統成本分攤制度有其缺失，故企業另尋其他較有效制度，於是有作業基礎成本制度的提出。

㈠意義

以作業為蒐集成本之中心，並分析每項作業引發成本之主要原因，並以其為分攤基礎，將作業成本歸屬至產品之一種成本制度，並進而提供有關作業營運資訊，以利於管理者規劃及控制。

㈡作業基礎成本制度與傳統成本制度之比較

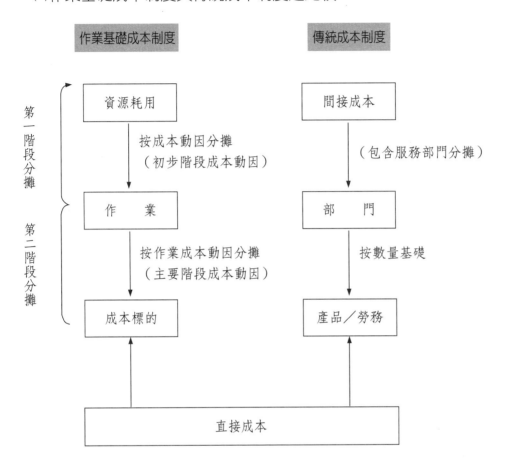

㈢實施步驟

1. 確認作業中心。

2. 蒐集各項成本。

3. 辨認成本與作業之關係。

4. 將成本攤入各項作業。

5. 確認各項作業之成本動因。

6. 將作業成本攤入各項產品。

7. 將直接成本直接歸屬至成本標的。

㈣確認作業中心

採用作業基礎成本制度計算產品成本的第一步，是找出消耗資源的作業中心。企業通常先將各作業中心區分為四個層次，然後再將各層次所包含的事項再區分為個別的作業中心。這四個層次列示如下：

1.單位層次作業

此類活動是指成本之總數與產出之數量成正比之作業活動，例如，切割作業、研磨作業、上漆作業等。由於傳統成本制度即是將所有間接製造成本均以產出數量或其相關變數為分攤依據。因此，此層次之作業活動愈少之公司，採用作業基礎成本制度之效果愈顯著。

2.整批層次作業

包括採購下單、機器整備、銷貨運送及材料點收等作業。整批層次的成本通常與處理的批數有關，不受處理的數量所影響，例如，不論一次訂購一個單位或五千個單位，每次訂購成本都不會有所改變。因此，整批層次作業的成本取決於批數而非各批次之數量。

3.產品層次作業

是指與特定產品有關的作業，其作用在於支援該產品的生產，與其他產品無關，舉例而言，某些產品需要檢驗，而某些產品則不必。因此，品質檢驗是屬於產品層次作業，其他的產品層次作業包括持有零件存貨、下達工程變更指令、開發特殊測試方法等。

4.設施層次作業

與整廠生產作業有關，無法追溯到特定的批次或產品上。這方面的作業事項包括工廠管理、保險、財產稅及員工休閒設施等。

以上所述每一層次各項作業活動所發生之成本，可視為一個成本庫，亦可視成本發生性質之不同再細分為若干成本庫，每一成本庫內之作業活動同質性

愈高，則作業基礎成本制度效果愈佳。

㈤選擇成本動因

1.初步階段成本動因

廠商都會選擇直接將成本計入作業中心，以免計算成本時發生扭曲。舉例而言，若某公司界定出材料搬運作業中心，則可以將所有直接與材料搬運有關的成本都計入此一作業中心。這類成本包括薪資、折舊及各種物料。某些與材料搬運有關的成本，可能是來自於若干個作業中心共用的資源，這類成本就必須依據某些第一階段的成本動因（資源動因）來將之分配到各個作業中心。

2.主要階段成本動因

兩段式成本計算過程的第二個階段，是將作業中心所累計的成本分配給個別產品。此時，必須選擇並使用第二階段的成本動因（作業成本動因）為分攤基礎。

層　級	作　業	作業成本動因
單位層次作業	研磨	機器小時
	切割	機器小時
	上漆	人工小時
整批層次作業	機器整備	整備次數
	採購作業	採購訂單次數
	材料驗收	驗收次數
產品層次作業	產品設計	設計時數
	零件管理	零件種類數
	產品測試	測試時數
	品質檢驗	檢驗時數
設施層次作業	廠房管理	面積
	人事行政與訓練	員工人數

設施層次作業發生之成本，因為無法直接追溯至產品，故一般有下列三種處理方法：

(1)按數量有關之成本動因（機器小時、人工小時），將其分攤至各種產品。

(2)將其成本列為當期費用。

(3)將成本先分攤至其他作業（按面積、員工人數等），間接地再分攤到產品。

(六)釋例

帥員公司生產 A、B 兩種產品，共發生製造費用$1,000,000，成本管理部門針對製造費用進行成本分攤，分析其各項營運作業之後，將分成八個作業中心及成本動因：

作業中心	成本動因	作業成本	A 產品	B 產品	合　計
人工類	人工時數	$ 80,000	10,000	40,000	50,000
機器類	機器時數	210,000	30,000	70,000	100,000
機器整備	整備次數	160,000	1,500	500	2,000
生產指令	下達次數	45,000	200	400	600
材料點收	點收次數	100,000	900	1,600	2,500
零件管理	零件種類數	35,000	100	75	175
品質檢驗	檢驗次數	170,000	4,000	1,000	5,000
工廠一般費用	機器時數	200,000	30,000	70,000	100,000
		$1,000,000			
生產單位			5,000	40,000	
單位人工時數			2	1	

1.傳統成本制度

若以直接人工時數作為製造費用分攤基礎，則兩產品應分攤之製造費用為：

(1)製造費用分攤率

$$\frac{製造費用\$1,000,000}{直接人工時數\ 50,000}=每直接人工小時\$20$$

(2)每單位應分攤之製造費用

		A 產品	B 產品
製造費用	2×$20	$40	
	1×$20		$20

2.作業基礎成本制度

(1)作業中心製造費用分攤率

作業中心	(a)作業成本	(b)成本動因	分攤率(a)÷(b)
人工類	$ 80,000	50,000	$1.6
機器類	210,000	100,000	2.1
機器整備	160,000	2,000	80
生產指令	45,000	600	75
材料點收	100,000	2,500	40
零件管理	35,000	175	200
品質檢驗	170,000	5,000	34
工廠一般費用	200,000	100,000	2

(2)每單位應分攤之製造費用

作業中心		A 產品		B 產品	
		作業次數	分攤金額	作業次數	分攤金額
人工類	（1.6）	10,000	$ 16,000	40,000	$ 64,000
機器類	（2.1）	30,000	63,000	70,000	147,000
機器整備	（80）	1,500	120,000	500	40,000
生產指令	（75）	200	15,000	400	30,000
材料點收	（40）	900	36,000	1,600	64,000

作業中心	A 產品		B 產品	
	作業次數	分攤金額	作業次數	分攤金額
零件管理　　（200）	100	20,000	75	15,000
品質檢驗　　（34）	4,000	136,000	1,000	34,000
工廠一般費用　（2）	30,000	60,000	70,000	140,000
分攤之製造費用合計(a)		$466,000		$534,000
生產數量(b)		5,000		40,000
每單位製造費用(a) ÷ (b)		$　93.20		$　13.35

(七)成本交叉補貼

　　間接成本的分攤方式，可能會造成成本交叉補貼的現象。由上面的釋例中，從作業基礎成本制度所求得之單位成本可知，在傳統兩段式成本分攤制度下，產量較大之普通型產品的成本被多分攤，而產量較少的精密型產品則少分攤。當公司的某些產品之成本被多分攤時，必然也有些產品之成本被少分攤。產品成本一旦被多分攤或少分攤時，成本交叉補貼的現象就會存在。所謂成本交叉補貼，是指一企業之某些產品因其成本多分攤，造成若干其他產品成本少分攤之結果。交叉補貼一旦存在，就會造成成本扭曲。

(八)作業基礎成本制度之優缺點

1. 優點

(1)提高產品成本之歸屬性，使成本計算更正確。

(2)使成本與決策方案之間更具攸關性，可作更正確之決策。

(3)提供各項作業資訊，有利於管理者評估各項作業之績效及合理性，俾採必要措施，加強成本控制。

2. 缺點

(1)成本忽略

在 GAAP 規定下，產品僅含製造成本，因此公司即使採用 ABC，產品成本

仍忽略研發、設計、行銷等成本，導致產品成本資料不完整，使管理者之決策可能產生誤導。

⑵成本動因確認不易與任意性分攤

某些作業活動之成本動因確認不力，必須依賴人為主觀判斷，尤其是與整廠之生產有關之作業活動，常以使用面積、員工人數等任意選定之基礎分攤成本，而降低成本之精確性，此亦為作業基礎成本制度被批評的原因。

⑶施行效益未必高於成本

實施ABC後，須耗費較高之衡量成本，故有時實施效益不見得高於成本。

㈨適用情形

ABC適用於有許多作業區域，並有許多間接成本庫，且這些間接成本庫是與許多成本動因相關聯的企業。而這些企業有下列特性：

1. 高額的製造費用。
2. 經營人員對現存的成本資訊精確度缺乏信心。
3. 廣泛多變的營業活動。
4. 廣泛多變的產品範圍。
5. 已改進電腦技術。

㈩市場導向的 ABC

運用ABC將行銷成本歸屬至產品或顧客別，分析顧客別或產品別之獲利能力，以協助管理者制定有關市場決策。

㈩ ABC 應用於服務業

作業基礎成本制度原先被視為專屬於製造業的工具，但目前已經推廣到服務業中。服務業實施此一制度的成敗關鍵，在於能否界定出產生成本的作業事項，以及能否記錄每一項服務中涉及多少作業事項。

服務業採用作業成本法時，往往會發生兩個問題，其一是業者的成本大部

分屬於設施層次，無法追溯到特定的服務事項上；其二是業者的許多作業事項都屬於非重複性而無法自動化的人工作業，因此很難掌握有關作業事項的資料。舉例而言，在工廠中可以用條碼閱讀機自動記錄通過測試中心的批次，但是在記錄護士每次為病人量血壓所花的時間方面，卻沒有類似的設施可供使用。但不論如何，包括醫院、銀行及資訊服務業在內的許多服務業者，都已經開始採用作業基礎成本制度。

㈡作業制成本管理（Activity-Based Cost Management, ABCM）

所謂「作業制成本管理」，係指採用ABC去改善並管理企業的活動，它能引導企業在強力的競爭環境下，應採取何種策略以改善企業運作；易言之，作業制成本管理即為作業制成本與作業制管理之結合。

ABC和ABM是不同的。ABC是提供資訊，而ABM是使用資訊對產出做各種不同的分析，並不斷的改進。

第二節

成本管理方法

本節將介紹一些可提供顧客價值且使企業降低成本的管理方法，於使用ABM制度時，可一起配合運用。

● 一、全面質量管理

全面品質管理（Total Quality Management, TQM）是一種策略性與系統性的管理方式。「全面」是指所有單位、所有人員都參與品質改進，而且都為品質負責；「品質」是指活動過程、結果與服務均能符合標準及顧客的需求；「管理」則是指有效達成品質目標的方法與手段。TQM有下列五個主要特徵：⑴事先預防，確保品質無缺點；⑵永續改進，隨時滿足消費者多變的需求；⑶顧客至上，確保組織的生存與繁榮；⑷品質第一，強化組織的競爭力；⑸全面參與，由遍布於各個部門的各個小組發揮「品質圈」或「品管圈」（quality circle）

的功能。

　　TQM強調領導與管理，如高階主管的堅持與參與、主管的以身作則、全員參與及團隊合作，以及推動員工賦權與能，更重要的是導正員工正確的品質觀念及建立品質文化，貫徹持續改善、追求完美的精神。

　　品質成本報告（Cost of Quality Report）係針對企業品質成本的總結性文件，可供企業相關部門管理與決策參考之用。

　　品質成本由四大組成部分，即預防成本、鑑定成本、內部失敗成本、外部失敗成本，前二者為自願性成本，後二者為非自願性成本。

　　如以製造業而言：

1. 預防成本（preventive cost）：在過程中檢查評定是否有為達到應有品質與規定而產生的成本，即為了防止不良產品（或服務）發生所支出之成本，項目有：①品質預防計畫成本，②檢驗、維修設備成本，③品質訓練費用，④品質資料取得與分析成本，⑤品質相關會議之費用，⑥新產品之評估、試驗等費用，⑦供應商確認成本等。

2. 鑑定成本（appraisal cost）：係指投入於檢驗、測試及發掘不良產品（或服務）等活動所花費之成本，包括：①檢驗設備與儀器成本，②鑑定作業成本，③測試資料及用料之鑑定成本，④外部鑑定成本等。

3. 內部失敗成本（internal failure cost）：係指產品、零件或物料交給顧客之前就發現有未達到顧客之品質需求條件所造成之費用，包括：①產品（或服務）之設計失敗成本，②採購失敗成本，③作業失敗成本，④重製成本，⑤報廢成本，⑥瑕疵品引起的隱藏成本等。

4. 外部失敗成本（external failure cost）：將產品運交顧客之後，因為發生不良品或被消費者懷疑是不良品所支出之成本，包括：①調查抱怨所支付之費用，②支付顧客抗議或抱怨之成本，③退貨損失，④回收成本，⑤保證成本，⑥責任成本，⑦懲罰成本，⑧商譽損失，⑨銷售損失，⑩機會成本等。

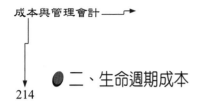

● 二、生命週期成本

生命週期成本（Life Cycle Costing）主張產品成本的累積，含括一個產品所有生命週期（研發、設計、製造、銷售、分配、服務）所發生的成本，即累積從研發到最後的顧客服務與支援中每個個別價值鏈的成本。其資訊可供內部使用者使用，找出可行的改善方向。

生命週期成本計算，通常涉及下列成本；採購成本、維護成本、營運成本、融資成本和報廢成本。其公式為：

$$
生命週期成本＝採購成本＋維護成本＋營運成本＋融資成本 \\
＋報廢成本－剩餘價值
$$

如以連接器與線材之生產過程為例，包括：前段的產品設計及模具開發，中段金屬沖壓、塑膠射出或電鍍、級組立等製程，以及後段的組裝測試。該等生命週期評估項目包括：取得成本（如直接購買的成本、運送等成本）、營運成本（如直接使用成本、勞工費用、訓練與管理費用等）、報廢與環保等成本（如處理費、掩埋場進場費、汙染等）及後續追縱成本（如可靠度追蹤）等，亦須考慮剩餘價值。

一般來說，企業傾向於購買成本較低的產品，但隨著時間的經過，維護成本、營運成本和經常性費用可能會增加，當把這些成本費用加起來時，該產品所花費的成本，可能比原來以較高成本購入，但後續的營運與維護等成本較低之產品貴很多。生命週期成本法有助於企業在初始階段便能識別到所有類型的成本、可對各生產階段進行成本比較，以作出長期有效的決策與計畫。

範　例

三芝公司購買一台彩色大幅面多功能打印機，估計可用五年，相關成本為：

1. 採購：價格為$150,000。
2. 安裝：額外支付$5000用於安裝費用及測試費用。
3. 維護：五年間維修費用為$14,000。
4. 營運：五年間花費$100,000購買墨盒和紙張，電力總成本預計為$5,000。
5. 融資：沒有融資。
6. 處置：五年間後拆除打印機的費用估計為$13,000。
7. 殘值：預估年限屆滿，仍可出售的價值為$15,000。

解　答

生命週期成本＝採購成本＋維護成本＋營運成本＋融資成本＋報廢成本－剩餘價值

生命週期成本＝($150,000＋$5,000)＋$14,000＋$100,000＋$5,000＋$0＋$13,000－

　　　　　　　　$15,000

　　　　　　　＝$272,000

打印機的生命週期成本最終花費超過採購成本$155,000甚多，且每一項活動的成本均可分析檢討。

● 三、改善成本法

標準成本係將實際成本與預設標準進行比較，依所得的差異進行控管的一種技術。惟一般而言，只要未產生不利的差異，就不會進一步積極的改正，例如：產品的標準成本設定為100克，而實際成本為98克時，在標準成本法下，大部分不會再積極採取降低成本的措施，因其為呈現有利的差異，但改善成本

制（Kaizen Costing）會試圖探討如何將該數字降低到 97 克、96 克等。

「改善成本制」係指於製造階段中，藉由持續漸進的改善，以達降低成本的目標。此法將改善成本作為每位員工的目標與責任，以持續、漸進式的小規模方式去改變作業流程，累積每人、每天、每項工作的改善成效，以達大幅降低成本的目標。即於製造階段中，藉由持續漸進的改善，將改善成本成為每位員工的責任，以達降低成本的目標。

改善成本法必須將與製造階段相關的成本列入考慮，包括：供應鏈成本、產品重新設計的成本、法律費用、製造成本、廢棄物、招聘費用、營銷、銷售和分銷、產品後續處置費用等成本。

改善成本之目標與運作，根據以下程序設定：

1. 上年單一產品實際成本＝上年實際總成本／上年實際產量
2. 當年總實際成本預計金額＝上年單一產品實際成本×當年預計產量
3. 本年度改善成本目標＝本年度實際成本總額的預計金額×成本降低目標的比率
4. 各部門（各作業）之分配成本（分配率）＝各部門（各作業）直接控制成本／全部部門（作業）直接控制成本
5. 各部門（各作業）的改善成本目標＝本年度改善成本目標×分配比率
6. 將改善成本目標分配至各項作業，決定各項作業標準，提出改善建議。
7. 彙總可行之改善建議，彙編「改善預算」，作為各部門及各作業改善目標。

範　例

　　國姓公司 20X1 年 1 月時之銷貨成本為\$1,200,000、營業費用\$700,000（包括：變動營業費用\$500,000，固定營業費用\$200,000）。該公司採用「改善成本法」（Kaizen costing），預估每月銷貨成本及變動營業費用均以 1.0% 比例進行成本改善。若國姓公司該年 3 月預計銷貨收入為\$2,400,000，請問：國姓公司該年 3 月預計營業利益應為多少？

解　答

預計營業利益

$= \$2,400,000 - (\$1,200,000 + \$500,000) \times (1 - 1.0\%) \times (1 - 1.0\%) - \$200,000$

$= \$2,400,000 - \$1,666,170 - \$200,000$

$= \$533,830$

第三節

平衡計分卡

　　平衡計分卡（Balanced Score Card, BSC）即為將策略具體行動化的主要工具，實行平衡計分卡後，公司可將人力資源、資訊科技、預算及資本投資等整合及聚焦到整個策略方向上，這樣可達到整合的效果，形成以策略為「焦點」的組織，具有五項基本原則：1.將策略轉化成營運之術語；2.將組織連結至策略；3.使策略成為每個人每天的工作；4.使策略成為持續性的過程；及5.透過高階主管的領導，驅動組織之變革，因此，在新紀元之下，由過去「以預算為焦點的管理控制系統」將轉變成「以平衡計分卡為焦點的策略性管理系統」[1]。

　　除此之外，平衡計分卡也發展出四大構面：1.財務面，財務的績效衡量可使管理當局立即瞭解企業的經營狀況及獲利情形，其衡量指標包括五力分析，及近年來流行的附加經濟價值（EVA）；2.顧客面，其衡量指標包括顧客滿意度、顧客忠誠度、新產品接受度、各顧客結構之成長率以及顧客占有率等；3.內部程序面，其衡量指標包括產品改良設計、產品創新開發及營運流程的持續改進；4.學習及成長面，其衡量指標包括員工的技術再造、資訊科技和系統的加強、企業特定的技術以及員工滿意度等。

---

[1]國立政治大學會計系教授吳安妮，〈策略為焦點的組織——平衡計分卡式的公司如何在新企業環境中取勝（一）〉。會計研究月刊，第 184 期。

　　由於企業正處於從工業時代的競爭轉移至資訊時代的競爭，傳統的成本管理模式受到環境相當大的挑戰，企業不得不培養長期的競爭能力，以面對雙重壓力，於是發展出平衡計分卡制度，一方面保留了傳統財務面的衡量方式，另一方面也兼顧了新環境下對顧客、供應商、員工、流程、科技與資訊的重視，如此才能兼容並蓄創造出企業的未來價值。

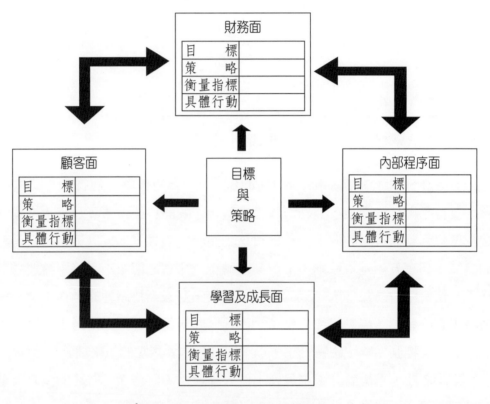

📖 圖 10-3　平衡計分卡架構圖

　　傳統平衡計分卡被企業視為強化經營績效的關鍵工具，因缺乏環境與社會構面之考量，致使無法完整且客觀呈現企業永續績效之良窳，取而代之的是以整合經濟、環境與社會構面為基礎的「三重盈餘」（Triple Bottom Line, TBL）績效為主流。有學者與企業將經濟、環境與社會構面納入傳統平衡計分卡中，稱為「永續性平衡計分卡」（Sustainability Balanced Score Card, SBSC）。

　　為將永續性指標整合到系統中，可在平衡計分卡增加「永續性」構面，或將永續性的目標和措施分別納入傳統平衡計分卡的四個構面中，使得永續性的

目標和措施視為日常營運和核心業務戰略不可或缺的一部分。

第四節

知識管理及知識經濟

● 一、知識經濟

所謂知識經濟係指建立在知識的生產、傳播與運用的經濟結構，從先進國家與我國的產業發展來看，社會的投資愈來愈著重於高科技的領域，或是傳統產業的科技化，以及對於高級技術人力的需求，此種趨勢反映出知識經濟的成長[2]。近年來，在歐美學術界，新興的新成長理論也是在研究知識與技術對產業生產力與經濟成長的角色，加強開發知識、發展知識已被認定為對經濟成長的重要基石。且為了促進經濟的持續成長，各先進國家在知識開發的投資，包括研究發展、教育訓練以及組織結構的相應調整，都積極的推動。

除了知識的開發生產之外，知識的傳播對於生產力的提升也有重大的影響。組織式個人生產出來的知識必須透過有系統的方式加以分類、彙整，並利用現代科技加以傳播。在組織內的個人必須要有機會與其他人相互交流彼此的知識，才能將知識加以運用或做進一步的創造。從社會整體而言，各個組織之間，包括政府、產業與學術界，皆需要有密切的交流，使得學術與實務知識能夠相互印證，發揮知識的功能。例如，在學術研究機構實驗室中所產生的知識，如果能與產業界合作，則能夠加以運用而開發出新產品，發揮知識的價值。歐美各國正在積極地促成產學合作，使得社會所需要的知識能不斷地創造、開發，並且運用在改善社會生活的各個層面。

此種知識型經濟的發展趨勢對於會計與其他專業人員以及各個組織，都有深遠的影響，值得我們去深思：

---

[2]柯承恩，〈知識型經濟時代來臨，財會人豈能缺席〉。會計研究月刊，第 168 期。

1. 知識的生產與傳播愈來愈快，也愈來愈豐富。例如，現在許多人都能夠透過網路蒐集各種知識或資訊，但必須要具備解讀與運用能力的人，才能加以利用、創造價值。

2. 知識的類型可區分為事實型、原理型、技能型與識人型[3]。具有識人型知識，才能將各種不專長的人組合在一起。一般而言，對於事實型或原理型的知識，我們可以在學校或透過自我學習的方式加以獲得或提升。而對技能型與識人型的知識，則可依賴實務經驗、工作接觸或特殊的學習環境來獲得。

3. 組織與個人的創新來自於各種知識的組合與腦力的激盪，因此，組織必須要設計一個能夠誘發或促成各個成員積極交流知識的環境。美國許多傑出的公司便將辦公環境設計成員工能夠自然交流的方式，而且也鼓勵員工多方的交流與相互學習，甚而形成所謂「企業大學」概念，促使員工彼此教育與學習，以激發更多的創意。

4. 未來工作市場中，對於具備多重知識人才的需求是愈加迫切，而對非知識型人才的需求則會下降，而愈是具備前述四種知識的人才，愈會受到組織的重視。

5. 各個組織必須要檢討、評估它所具備的知識，以及瞭解組織成員所具備的知識。為了提升知識的價值，組織必須要用有系統的方法將所具備的知識加以分類、加工、儲存、運用，以及不斷地創新。既然知識是組織生產力的重要基礎，組織便要重視知識的生產、傳播與運用。

知識經濟的來臨對於組織與個人都有重大的衝擊，也提供了組織與個人發展的機會。如何面對此一挑戰，充實自我知識，發揮知識的價值，也是每一個

---

[3] 事實型知識包括一般的資訊，例如：人口、經濟活動的數據、自然環境的變動等。原理型知識則為自然或社會科學的法則，可用來解釋各種自然或社會現象，或作為生產產品的基本原理，例如：我們用代理理論來解釋企業所有人與管理人之間的互動行為。技能型知識則指用來生產產品或提供服務等各種應用知識，例如：會計師評估企業內部控制的方法便是一種技能型的知識。而識人型知識則是因為不同的人具有不同的知識，而知道哪些人具有哪些知識，便也成為另一種重要的知識。

組織與專業人員必須深思，以規劃未來的發展。

● 二、知識管理

　　所謂知識管理是將組織內的經驗、知識有效地記錄、分類、儲存、擴散以及更新的過程。好的經驗是透過創造、學習而來，在這個過程當中最重要的精神是分享、溝通；當然，資訊科技加速了知識管理的效率，也是不可或缺的。但在進行知識管理時，最怕的是只知一味地複製，而忘了要「聰明的複製」，忘了其實知識是需要隨情境而有所變通，忘了知識是需要不斷地更新與改善。

　　知識管理議題已在國內實務界興起一陣風潮。例如，高雄港每天輸出數千個貨櫃，將台灣各地廠商生產的產品外銷出去，創造國家財富。可是就在同時，中正機場可能有一位美國人入境，手提著一只行李箱，裡面就裝著薄薄一個晶片。但您想過嗎，這一個晶片可能比高雄港的幾千個貨櫃還值錢。不妨這樣說，當台灣廠商很多還在賺勞力財時，先進國家早已經知道知識財為競爭的武器。而這個晶片裡的專利、設計或配方，就是知識。企業如果能使員工不斷地發展能創造公司價值的知識，並將此知識流傳與革新下去，此企業的知識管理便做得很好。

　　知識管理的範圍實在太廣。為求簡潔，茲依據知識管理之程序，將知識管理分為九大類：*1.*知識之選擇管理；*2.*知識之取得管理；*3.*知識之學習管理；*4.*知識之創造管理；*5.*知識之擴散管理；*6.*知識之建構管理；*7.*知識之儲存管理；*8.*知識之管理制度；*9.*知識之管理文化。其概念簡要繪如圖 10-4。首先，企業的知識一部分是求自於企業外部（即外來的知識），一部分則創造自企業內部（即內創的知識）。其中外來的知識需經過知識的選擇、取得和學習三種程序；而內創的知識在被學習或創造完成後，若干知識需要擴散至其他成員與單位（知識的擴散），若干則可建構成較具系統性之資訊（知識的建構），最後則將知識以特定方式形成組織記憶（知識的儲存）。而上述所有活動，均係建築在妥適之知識的管理制度與管理文化之基礎上。

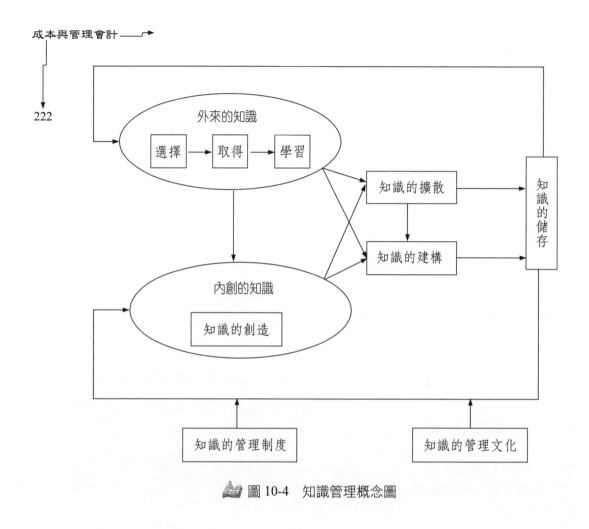

圖 10-4　知識管理概念圖

1.知識之選擇管理

　　知識的種類繁多，加上社會上資訊量暴增，致個人與組織均處於資訊負荷過重情況，因此，為企業選擇正確的知識來源和知識內容，是節省時間、成本，提升知識管理效能的重要工作。因此，知識之選擇管理意指為節省蒐尋時間和成本，有效率且有效果的選擇企業未來需要之知識來源與知識內容之程序。

2.知識之取得管理

　　當所需的外來知識選擇之後，接下來便需取得或引入此外來的知識。一般而言，選擇知識者需要較高的科技能力，對公司本身和外部之瞭解程度較高，對取得知識所需之成本亦應有所瞭解。而取得知識的人則需有能力協調和處理本公司和知識來源雙方之相容性，故需要不同的管理才能，可說是一種介面管

理。因此，知識取得管理之定義為促使組織有效取得外來的知識的介面管理工作。

3.知識之學習管理

取得之知識若無法為組織成員學習與吸收，此知識將成徒然，這就是知識學習管理的理由。因此，知識學習管理之定義為促使組織成員有效地學習外來的知識所做的管理工作。

4.知識之創造管理

資訊的爆炸使得知識之需求日新月異，當企業無法或無力取得外來的知識，而既有知識又難以因應現有環境之需時，企業便必須設法克服既有知識之格局與困境，而自力創造新的知識，如同我國獨立發展航太與軍事科技，這就是知識創造。因此，知識創造管理意指為促使組織超越既有知識，以創造新的知識的管理程序。

5.知識之擴散管理

極少知識係由全公司所共同投入或創造，主要還是由小部分的成員掌握新知識。因此，主管必須將新知識擴散至其他單位或部門，使知識為全體成員共享共用，此即知識的擴散管理。因此，知識擴散管理之定義為某單位將其知識有效地擴散、傳播至同公司其他單位，使其能共享、共用此知識之管理活動。

6.知識之建構管理

任何企業所擁有的知識在儲存成為組織記憶之前，常被成員將這些資訊以某種型態轉化成易於儲存的狀態。例如，工廠將繁複的作業程序變成手冊，或將創辦人的理念整理成文獻，這些都是知識的建構。經過建構之知識，不論是可文字化或不可文字化的內容，均能便利傳授者將知識傳遞給企業中其他人或其他部門，而將知識轉化為某種型態的管理活動。

7.知識之儲存管理

知識之儲存可謂知識管理之終極目標,使得企業外引或自創之知識形成組織記憶,以方便其他成員、其他組織或其他時間擷取、參考與日後修改之用。和人腦一樣,企業若要面對問題後方尋求解決問題之知識,將相當耗時與成本,故最好將曾經為企業使用過或考慮過之知識形成記憶,以減省其他成員、其他單位和其他時間需要相同知識時的時間與成本,並方便日後知識的修正,使組織有效地形成組織記憶之活動,稱為知識之儲存管理。

8.知識之管理制度

許多企業欲推行知識管理,雖具備工具、設備,卻忽略其制度面。因此,知識之管理制度可定義為提升組織知識管理之效率與效果,而建立之管理制度。此制度可蘊藏於企業使命、經營策略、工作程序、獎懲規章等企業活動之中,經由正式之方式達成知識管理之目的。若和下一段之知識管理文化相比較,知識管理制度係正式化的方式,而知識管理文化則屬非正式化方式。

9.知識之管理文化

前段曾論及,若說知識管理制度係正式化的方式,則知識管理文化則屬非正式化方式之工具,兩者可謂組織知識管理之基礎建設。早自 1980 年代起,學術界便開始注意企業文化對企業經營之影響。企業文化為企業的一種氛圍,有助於組織群體無形中、自發性地從事知識創造、學習、擴散之工作。因此,知識之管理文化意指為利於企業有效地管理知識,所形成之企業文化價值觀,無形間促使公司員工自發性地從事知識性活動。

對企業而言,透過規劃、建置知識管理系統以及相應的變革促進配套措施,藉由正確、及時且具攸關性的知識資訊,使員工精確迅速的解決問題、服務客戶,提升整體經營績效,達成企業策略目標,並能在活用知識的組織中,活化既有知識加以創新改進,持續取得競爭優勢。

企業資源規劃

在現今這個競爭激烈的環境中，企業為求永續生存，除了維持本身的經營品質外，更必須隨時注意外在環境的改變，尤其是現在資訊科技如此發達，顧客與競爭者的任何變動，對於企業經營都會產生很大的影響。所謂「企業流程再造」就是管理者因應這個變動頻繁、資訊快速流通，以及十倍競爭的環境，所從事的必要工作。流程再造除了組織應發揮其靈活的應變力，並力求溝通順暢外，也需借重資訊科技來彙總與整合全公司的營運訊息。而企業資源規劃就是一個結合科技與管理的新觀念，整合企業價值鏈內的各種資訊，包括財務、會計、人力資源、製造、配送及銷售等作業流程所需的資訊，以利企業在經營運籌中，可藉著資訊的有效整合，達到縮短生產時程、降低成本、增加彈性，俾使企業有能力適時提供顧客所需，以提升產品或服務的水準。

客戶導向的ERP是由生產導向的MRP（物料需求規劃）及MRPⅡ（製造資源規劃）演進而來的，係利用網路資源協助企業控管財務、人事、供應鏈、製造、業務行銷等五方面的執行成果[4]。ERP具有下列兩個特性，一是商業智慧系統，可提供高階主管關於企業內、外部正確且及時的訊息，並可模擬未來狀況；另一是商業決策分析，可藉由資訊的掌握，在最短的時間內作出最正確的決策。

由於企業資源規劃系統所涉及的範圍廣，在建置過程中有太多事情要做，有些公司主管覺得可立即取得決策所需資訊，有助於決策品質的提升。運用電子商務來結合企業資源規劃、供應鏈管理、顧客關係管理，重點為企業創造價值和提升競爭力。藉著結合企業前台與後台的營運資料，如此跨部門資訊可相連結，使管理者能及時取得決策所需的資訊，以瞭解市場動態和部門績效，更期望管理者能時時掌握資訊，處處能做出最佳決策之境界。在整個電子商務營

---

[4] 美商甲骨文公司台灣區總經理何經華（1999），〈企業資源規劃與價值基礎管理〉。

運的環境中,企業資源規劃系統扮演著重要的角色,可說是所有資料庫的核心,其帶來的效益:1.縮短作業時間;2.資訊快速處理;3.較好的會計處理;4.為電子商務交易奠定良好基礎。

　　企業e化已經成為必然的趨勢,採用電子化作業之前的首要工作,必須重新檢討既有的管理制度與會計制度,再研擬出適用於 e 化經營環境的典章制度,作為導入企業資源規劃系統的基礎,才能夠協助企業在新世紀提升價值。

　　一般企業營運活動可大致分為八大循環:1.銷貨及收款循環;2.採購及付款循環;3.生產循環;4.人事薪資循環;5.財務融資循環;6.固定資產循環;7.投資循環;8.資訊處理循環。在導入企業資源規劃系統之時,針對既有的管理制度與會計級度,公司管理階層需要定期討論在這八大循環內,人工作業與電子化作業的差異,以及研究如何將書面表單轉換成電子表單,同時考慮到在各個循環內的控管機制需要作哪些調整,才不會因作業電子化而失去應有的內控功能。有些公司會藉著推行ISO 9002品質保證制度從事品質管理等活動,來評估各項作業是否達成品質水準的要求,更有助於企業提升經營效率。

　　一般而言,公司的管理制度和會計制度要先調整成適用於電子化的經營環境,再談導入新資訊系統也不遲,輔以內外部教育訓練,協助員工進行績效診斷。如此,各單位電腦化的數據能具有真實性,可快速提供管理者經營決策的參考資訊,才能夠真正地協助企業提升經營績效。

第十章 習 題

一、選擇題

( ) 1.在作業基礎成本制下，整備設備屬於何種層級的活動？ (A)單位水準層級 (B)批次水準層級 (C)產品維持層級 (D)設施維持層級。

( ) 2.在作業基礎成本制（Activity-Based Costing）下，人力資源管理作業屬於下列何種作業層級？ (A)設施層級 (B)產品層級 (C)批次層級 (D)單位層級。

( ) 3.要成功實施作業基礎成本制度，下列敘述，何者錯誤？ (A)應獲得高階主管的支持 (B)應體認作業基礎成本資訊並非完美 (C)應營造公司為何需要實施作業基礎成本制度的氛圍 (D)應迅速達成重大改變，以快速證明作業基礎成本制度是有效果的。

( ) 4.下列何者不是生命週期成本制之特性？ (A)其資訊僅可供內部使用者使用 (B)專注於製造階段的產品成本控制 (C)累積從研發到最後的顧客服務與支援中每個個別價值鏈的成本 (D)強調製造前、製造中、製造後之成本，均為產品成本之一部分。

( ) 5.因檢查出瑕疵品而使生產線停工之閒置損失，屬於哪一類品質成本？ (A)預防成本 (B)鑑定成本 (C)內部失敗成本 (D)外部失敗成本。

( ) 6.中寮公司品質成本報告中包含下列項目：客戶抱怨$15,000、瑕疵品重製$12,500、生產流程檢查成本$60,000及產品保固成本$25,000。請問：中寮公司之外部失敗成本為多少？ (A)$15,000 (B)$25,000 (C)$40,000 (D)$52,500。

( ) 7.根據平衡計分卡的觀念，哪一個構面的指標通常為落後指標？ (A)財務構面 (B)顧客構面 (C)內部程序構面 (D)學習與成長構面。

( ) 8.有關平衡計分卡，下列敘述，何者正確？ (A)主要目的為增加組織當期的營業淨利 (B)當組織改變營運策略時，其計分卡的績效指標也會隨之而異

(C)重視多面向的平衡，尤其是借方金額與貸方金額的借貸平衡　(D)建置平衡計分卡時，第一步驟必須先確立四個構面之策略性目標。

（　　）9.有關企業永續（corporate sustainability）之發展，下列敘述，何者錯誤？
(A)公司應公平對待其顧客　(B)公司應選擇有善盡社會責任的供應商　(C)公司應縮短評估顧客信用評等的時間　(D)公司應在製造程序中減少溫室氣體排放。

（　　）10.近年來，企業經營環境愈來愈重視企業社會責任（corporate social responsibility）及永續發展（sustainability）議題。如果公司管理會計人員想要符合此一發展趨勢，下列哪一種為錯誤的作法？　(A)檢討公司品質成本，使品質更符合消費者預期　(B)檢討廠房設備效能，汰換為更具節能減碳設施　(C)檢討廣告企劃支出，以強化公司社會公益形象　(D)檢討業務員的銷售績效報告，淘汰短期銷售未達標準的員工。

二、計算題

1. 竹山公司生產兩種產品：A產品及B產品。下列資料是兩產品之成本資料：

| | | | | 開工準備 | 運送訂 | | |
產品	數量	機器小時	直接人工小時	次數	單個數	零件數	直接材料
A產品	1	100	50，每小時$200	10	20	50	$12,000
B產品	8	800	400，每小時$200	20	60	50	$96,000

另外，關於間接製造費用之資料如下：

作業中心	成本動因	每一單位成本動因之成本
材料處理	零件數	$ 0.40
壓　磨	機器小時	30
碾　碎	零件數	1.00
裝　運	運送訂單個數	1,000
開工準備	開工準備次數	2,000

試求：

(1)依直接人工小時作為間接製造費用之分攤基礎，分別計算兩產品之單位成本為何？

(2)依作業基礎成本制度，分別計算兩產品之單位成本為何？

(3)上列兩計算產品成本是否有差異？若有，差異原因為何？

2.水里公司專門製造航空零件，目前所使用的製造成本制度有兩類直接產品成本（直接原料與直接勞工），並只使用一個間接製造成本總類來分攤間接製造成本。其分攤基礎是直接人工小時。間接成本分攤率是每直接人工小時$5。

公司現在正由以人工為主的製造轉而以機器為主。最近，工廠管理人員建立了五項作業範圍，每一作業皆有自己的監管人員及預算責任。有關資料如下：

作業中心	成本動因	每一單位成本動因之成本
材料處理	零 件 數	$ 0.40
車 床	運 轉 次 數	0.20
研 磨	機 器 小 時 數	20.00
磨 光	零 件 數	0.80
出 貨	出貨之訂單數	1,500.00

最近，經由此航空零件之新制度所處理的兩張訂單有如下特性：

	訂單 598 號	訂單 599 號
每批工作之直接原料成本	$9,700	$59,900
每批工作之直接人工成本	750	11,250
每批工作之直接人工小時數	25	375
每批工作之零件數目	500	2,000
每批工作之運轉次數	20,000	60,000
每批工作之機器小時數	150	1,050
每批工作之訂單數	1	1
每批工作之產品數量	10	200

試求：

(1)在現存製造成本制度下，算出每批工作的單位製造成本？（間接成本全部歸為一類，並以直接人工小時作為分攤基礎）

(2)假設公司採行作業基礎成本制度。間接成本分別按五項活動歸類，而各自為一總類。算出作業基礎成本制度下，每批工作單位製造成本為何？

3.集集公司生產 A、B 兩產品，其成本資料如下：

產　品	每單位直接人工時數	每年產量	直接人工時數合計
A 產品	1.8	5,000 單位	9,000
B 產品	0.9	30,000 單位	27,000
			36,000

集集公司其他相關資料如下：

a. A 產品每單位需要$72 的直接材料，B 產品則需要$50。

b. 直接人工之工資率是每小時$10。

c. 該公司一向依據直接人工時數來分配製造費用，每年製造費用為$1,800,000。

d. A 產品的製造過程比 B 產品複雜，且需要特殊的機器設備。

e. 該公司考慮改用作業基礎成本制度來分配製造費用，目前已界定出下列三個作業中心及其相關成本資料：

作業中心	成本動因	作業成本	A 產品	B 產品	合　計
機器整備	整備次數	$ 360,000	50	100	150
特殊加工	中央處理單元時數	180,000	12,000	—	12,000
工廠一般費用	直接人工時數	1,260,000	9,000	27,000	36,000
		$1,800,000			

試求：

(1)假定集集公司繼續用直接人工時數來分配製造費用。

　①計算製造費用預計分攤率？

　②計算兩種產品之每單位成本？

(2)假定公司決定改用作業基礎成本制度來分配製造費用。

　①將各作業中心歸類為單位層次、整批層次、產品層次或設施層次。

　②計算各作業中心之製造費用分攤率，以及應該計入各產品之製造費用金額？

　③說明作業基礎成本制度下，製造費用為何會從大量生產的產品轉到少量生產的產品上？

4. 礁溪公司以生產油壓深絞成型機為主要產品，其相關資料如下表：

銷售單位	12,500 單位
單位售價	$100,000
單位變動成本	$75,000
統計製程管制作業耗用時數	20,000 小時
每單位產品偵測與鑑定耗用時數	2 小時
統計製程管制作業每小時費率	$600
偵測與鑑定每小時費率	$800
工廠重製產品百分比	10%
每單位產品重製成本	$6,000
估計因品質不良而喪失之銷貨	600 單位
因產品瑕疵，到顧客處無償修理之產品比率	8%
因產品瑕疵，每單位產品修理成本	$7,500

請問：該公司油壓深絞成型機之預防、鑑定、內部失敗及外部失敗之品質成本各為多少？

5. 水里公司以財務指標評估部門績效，該公司主要有兩個部門：鉅工部門與車埕部門。有關財務資訊如下：水里公司之稅率為30%，流動負債不須負擔利息成本，其餘負債之利率為 5%；鉅工部門當年度之營業淨利$600,000，期末總資產$6,750,000，總負債$4,500,000，流動負債$1,500,000；車埕部門當年度之營業淨利$960,000，期末總資產$13,500,000，總負債$9,000,000，流動負債$3,000,000。兩個部門設定之要求報酬率皆為6%。

水里公司正評估鉅工部門與車埕部門兩者之經營績效，有一外部顧問建議水里公司引進平衡計分卡於績效評估。

請問：

(1)綜合評估稅後淨利與剩餘淨利兩項指標後，提出具體理由，說明哪一個部門表現較佳？

(2)平衡計分卡之用途為何？平衡計分卡名稱中之「平衡」兩字涵義為何？

第十章 解 答 ————————————————

一、選擇題

1.(B)　2.(A)　3.(D)　4.(B)　5.(C)　6.(C)　7.(A)　8.(B)　9.(C)　10.(D)

二、計算題

1.(1)間接製造費用總額＝$0.4×100+$30×900+$1×100+$1,000×80+$2,000×30

　　　　　　＝$167,140

　每人工小時分攤率＝$167,140÷450＝$371.42

　間接製造費用分攤：

　A 產品＝$371.42×50＝$18,571

　B 產品＝$371.42×400＝$148,568

	A 產品（1,000 單位）		B 產品（8,000 單位）	
	總成本	單位成本	總成本	單位成本
直接材料	$12,000	$12	$96,000	$12
直接人工	10,000	10	80,000	10
間接製造費用	18,571	18.571	148,569	18.571
合計	$40,571	$40.571	$324,569	$40.571

(2)

	A 產品（1,000 單位）		B 產品（8,000 單位）	
	總成本	單位成本	總成本	單位成本
直接材料	$12,000	$12	$96,000	$12
直接人工	10,000	10	80,000	10
間接製造費用				
材料處理	$ 20	$0.02	$ 20	$0.0025
壓磨	3,000	3	24,000	3
碾碎	50	0.05	50	0.00625
裝運	20,000	20	60,000	7.5
開工準備	20,000	20	40,000	5
間接製造費用合計	43,070	43.07	124,070	15.50875
合計	$65,070	$65.07	$300,070	$37.50875

(3)由上計算可看出傳統以人工小時為分攤基礎及作業基礎成本制度之產品成本有相
當大之差異。主要原因為該公司間接製造費用中大部分發生之成本動因與人工無
關，故若以人工為基礎分攤，顯然會造成成本扭曲，故作業基礎成本制度以作業
中心歸屬製造費用，並以各該作業之成本動因為分攤基礎，顯然能獲得較正確之
成本資訊。

2.(1)

	批次單 598	批次單 599
直接材料成本	$9,700	$59,900
直接人工成本　　（25；375）×$30	750	11,250
間接人工成本　　（25；375）×$115	2,875	43,125
製造成本總額	$13,325	$ 114,275
每批次之單位數	÷10	÷200
每批次之單位製造成本	$1,332.5	$ 571.375

(2)

			批次單 598	批次單 599
直接材料成本			$9,700	$59,900
直接人工成本	（25；375）×$30		750	11,250
材料處理	（500；2,000）×$0.4	$ 200		$ 800
車床	（20,000；60,000）×$0.2	4,000		12,000
研磨	（150；1,050）×$20	3,000		21,000
磨光	（500；2,000）×$0.8	400		1,600
發貨	（1；1）×$1,500	1,500		1,500
合計			9,100	36,900
製造成本總額			$19,550	$108,050
每批次之單位數			÷ 10	÷ 200
每批次之單位製造成本			$ 1,955	$540.25

3.(1)① $\dfrac{\text{製造費用}\$1,800,000}{\text{直接人工時數 }36,000} = \text{每直接人工小時}\$50$

②

		A 產品	B 產品
直接材料		$ 72	$ 50
直接人工	（1.8；0.9）×$10	18	9
製造費用	（1.8；0.9）×$50	90	45
每單位總成本		$ 180	$ 104

(2)①

作業中心	作業層次
機器整備	整批層次
特殊加工	產品層次
一般工廠費用	設施層次

②預計分攤率：

作業中心	可追溯製造費用	預計作業量	製造費用預定分攤率
機器整備	$360,000	150 次整備	$2,400 / 整備
特殊加工	180,000	12,000PU 分鐘	$15 / PU 分鐘
一般工廠費用	1,260,000	36,000 直接人工小時	$35 / 直接人工小時

各產品分攤之製造費用：

		A 產品	B 產品
機器整備	（50；100）×$2,400	$120,000	$240,000
特殊加工	12,000×$15	180,000	—
工廠一般費用	（9,000；27,000）×$35	315,000	945,000
分攤製造費用總額		$615,000	$1,185,000

③先計算每單位產品分攤之製造費用：

	A 產品	B 產品
分攤製造費用總額(a)	$615,000	$1,185,000
生產數量(b)	5,000	30,000
每單位分攤之製造費用(a)÷(b)	$123	$39.50

再計算每單位產品之總成本：

		A 產品	B 產品
直接材料		$72.00	$50.00
直接人工	（1.8；0.9）×$10	18.00	9.00
製造費用		123.00	39.50
總成本		$213.00	$98.50

　　故 A 產品單位成本由$180 提高到$213，B 產品則由$104 降為$98.50。製造費用由大量生產的B 產品轉移到少量生產的A 產品，原因是採用作業基礎成本制度之後，需要特別處理的 A 產品分攤較多的費用。

4.(1)預防成本 = $600×20,000 = $12,000,000

(2)鑑定成本 = $800×12,500×2 = $20,000,000

(3)內部失敗成本 = $6,000×12,500×10% = $7,500,000

(4)外部失敗成本 = ($100,000−$75,000)×600 + $7,500×12,500×8%

　　　　　　　 = $15,000,000 + $7,500,000

　　　　　　　 = $22,500,000

5.(1)①水里公司鉅工部門與車埕部門之稅後淨利：

　　鉅工部門稅後淨利 = [$600,000−($4,500,000−$1,500,000)×5%]×(1−30%)

　　　　　　　　　　　 = $315,000

　　車埕部門稅後淨利 = [$960,000−($9,000,000−$3,000,000)×5%]×(1−30%)

　　　　　　　　　　　 = $462,000

②水里公司鉅工部門與車埕部門以稅前營業淨利、期末總資產為評估依據之剩餘
　淨利（RI）：

　　鉅工部門剩餘淨利 = $600,000−$6,750,000×6% = $195,000

　　車埕部門剩餘淨利 = $960,000−$13,500,000×6% = $150,000

③評估：

　　若以稅後淨利而言，車埕部門之績效較佳；若以剩餘淨利而言，則以鉅工部門
　　之績效較佳。惟前述二項績效衡量指標中，剩餘淨利有將部門規模因素列入考
　　量，使不同規模之部門間較具可比較性，故以剩餘淨利評論該二個部門之相對
　　績效表現，鉅工部門之績效表現較佳。

(2)平衡計分卡之用途係為引導企業將抽象之企業願景及策略，轉化為具體且明確之
　目標、衡量指標、行動計畫，係為一策略性績效評估系統。平衡計分卡有財務構
　面、顧客構面、內部程序構面及學習成長構面，四個構面之間具有因果關係，並
　發展不同之績效衡量指標，藉以評估企業績效。

　「平衡」兩字涵義為：一種策略性的績效衡量方法，是化策略為具體行動的工
　具，包括財務面、顧客面、企業內部流程以及學習與成長四個層面，以平衡為訴
　求，強調財務與非財務的平衡，短期與長期目標的平衡，落後與領先指標之間的
　平衡，外部與內部的平衡，並同時追求過去努力與未來績效兩者的平衡。

第十一章

預算與利潤規劃

　　預算與利潤規劃係屬同義詞，利潤規劃係一為達成組織目標的營運計畫，而預算則是以財務性資料或其他數量化資訊表達的計畫。利潤規劃應包含下列項目：詳細的營運計畫、長短期之預計損益表、資產負債表及現金預算。

第一節

預算的基本概念

● 一、預算的意義

　　預算乃是一種涵蓋未來一定期間內所有營運活動過程之計畫，並以數量化之資訊加以表達。

● 二、預算的功能

(一)策略與規劃功能

　　預算強迫管理階層先展望未來，並準備因應環境的變動，此種功能是預算對管理當局最大的貢獻。策略分析強調長期和短期規劃，而規劃則引導預算的形成，因此策略規劃與預算是彼此相關且相互影響的。

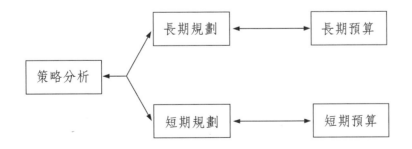

(二)溝通及協調功能

預算的編製，站在企業整體之立場，對各部門的預算方案作綜合性的溝通、協調，從而決定企業的整體目標。

(三)激勵功能

各部門人員參與預算之編製，則因各項標準是在各部門人員親自參與之下所共同制定，故較為合理且可達成，且較易使其認同，從而產生激勵員工自動自發，努力達成工作目標之效果。

(四)資源分配功能

企業資源是有限的，預算就是資源分配決策準則，可將資源合理地分配給能獲得最大利潤者。

(五)營運控制及管制功能

採用標準的好處，在於能讓管理者瞭解他們的預期目標。預算可被視為一種標準，將實際結果與預算作比較，管理者就可於其中找出差異並分析原因，進而採取更正的行動。

(六)成本意識之提升

預算可使組織成員普遍具備利潤意識及成本意識，培養充分利用資源之態度。

(七)績效評估功能

預算可以提供衡量績效及評估管理階層能力之標準。

● 三、實施預算應具備的要件

1. 必須有高階主管的全力支持。

2.必須權責劃分明確，採用責任會計制度。

3.所選定的目標必須是合理可達成的。

4.一個完善的企業預算必須以企業利潤為依歸。

5.優良的企業預算必須能適應動態的環境變化。

6.一個有效的預算制度必須重視「人性面」。

7.預算制度之設計與施行，應配合外在環境與組織結構。

● 四、預算制度的運作程序

規劃績效是作為公司整體努力之方向，以及績效評估之標準。

1.提供標準

可與實際數作比較。

2.調查差異

當實際結果與計畫發生差異時，應予以調查並作改正行動。

3.重新再規劃

規劃執行結果的反應與外在環境的改變，重新再規劃。

第二節

整體預算

所謂整體預算（Master Budgeting），為某一企業對未來計畫及目標之總和。它係由表達銷售、生產、財務各項活動的許多個別預算及明細表所構成。茲以圖 11-1 表示。

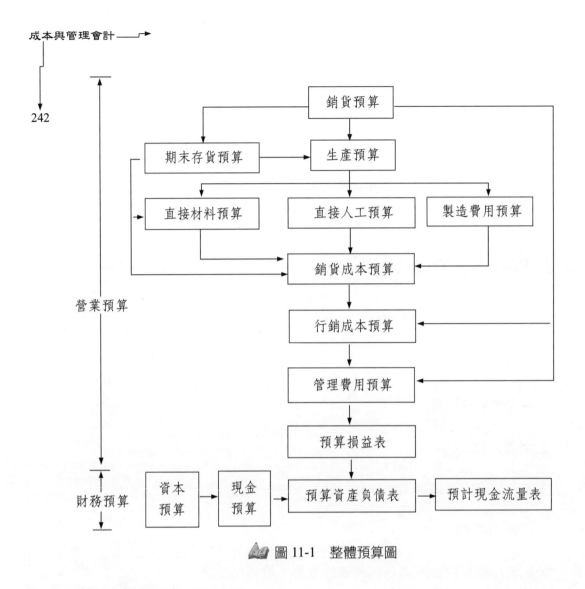

圖 11-1　整體預算圖

● 一、編製步驟

1. 預估下年度銷售量及銷售價格，編製銷售預算。

2. 根據預估之銷售量，並考慮既有之期初存貨與應有之預估期末存貨，編製生產預算。

3. 由生產預算得知本期耗用之生產成本，編製直接材料預算（包括採購預算）、直接人工預算及製造費用預算。

4. 預估行銷費用及管理費用，編製銷管費用預算。

5. 根據上述預算，編製預計損益表。

6. 估計未來資本決策，編製資本預算。

7. 根據資本預算及上述各營業預算，估計未來現金需求，編製現金預算。

8. 根據營業預算及財務預算，估計未來現金需求，編製現金預算。

9. 根據預計損益表及預計資產負債表，編製預計現金流量表。

二、釋　例

㈠基本資料

某公司生產甲、乙兩種產品，目前將編製下年度（20X2 年）之整體預算，公司主管人員預測 20X2 年之數據如下：

直接材料：材料 A	每公斤 $ 7
材料 B	每公斤 $ 10
直接人工	每小時 $ 20

	產品甲	產品乙
直接材料 A	12 公斤	12 公斤
直接材料 B	6 公斤	8 公斤
直接製造人工	4 小時	6 小時

	產品甲	產品乙
預期銷售單位	5,000	1,000
每單位售價	$ 600	$ 800
目標期末存貨單位數	1,100	50
期初存貨單位數	100	50
期初存貨金額	$ 38,400	$ 26,200

	直接材料	
	材料 A	材料 B
期初存貨公斤數	7,000	6,000
目標期末存貨公斤數	8,000	2,000

製造費用成本

變動：物料	$ 90,000	
間接製造人工	210,000	
直接與間接製造人工福利	300,000	
動力費	120,000	
維修費	60,000	$ 780,000
固定：折舊費用	$ 220,000	
財產稅	50,000	
財產保險費	10,000	
監工費	100,000	
動力費	22,000	
維修費	18,000	420,000
合計		$1,200,000

其他（非製造）成本

變動：研究發展／產品設計成本	$ 76,000	
行銷成本	133,000	
運送成本	66,500	
顧客服務成本	47,500	
管理成本	152,000	$ 475,000
固定：研究發展／產品設計成本	$ 60,000	
行銷成本	67,000	
運送成本	33,500	
顧客服務成本	12,500	
管理成本	222,000	395,000
合計		$ 870,000

(二)預算編製

1. 銷貨收入預算

20X2 年度

	單位	售價	銷貨收入總額
產品甲	5,000	$ 600	$3,000,000
產品乙	1,000	800	800,000
合　計			$3,800,000

2.生產預算

20X2 年度		
	產品甲	產品乙
預算銷貨單位數	5,000	1,000
期末存貨目標單位數	1,100	50
總需求量	6,100	1,050
期初製成品存貨	100	50
預計生產單位數	6,000	1,000

3.直接材料耗用預算與直接材料進貨預算

(1)直接材料耗用預算

20X2 年度			
	材料 A	材料 B	合　計
產品甲耗用直接材料公斤數（6,000 單位×12 與 6公斤）	72,000	36,000	
產品乙耗用直接材料公斤數（1,000 單位×12 與 8公斤）	12,000	8,000	
直接材料耗用總公斤數	84,000	44,000	
期初存貨耗用直接材料公斤數（採先進先出法）	7,000	6,000	
×期初存貨每公斤成本	$7	$ 10	
期初存貨將耗用之直接材料成本	$49,000	$60,000	$109,000
預計耗用直接材料公斤數（84,000−7,000；44,000−6,000）	77,000	38,000	
×每公斤採購成本	$7	$10	
預計耗用直接材料成本	$539,000	$380,000	919,000
直接材料將耗用之成本總額	$588,000	$440,000	$1,028,000

(2)直接材料進貨預算

20X2 年度			
	材料 A	材料 B	合　計
直接材料耗用公斤數	84,000	44,000	
直接材料目標期末存貨公斤數	8,000	2,000	
總需求公斤數	92,000	46,000	
直接材料期初存貨公斤數	7,000	6,000	
將採購之直接材料公斤數	85,000	40,000	
×每公斤進貨材料成本	$ 7	$ 10	
直接材料進貨成本總額	$595,000	$400,000	$995,00

4.直接製造人工預算

20X2 年度					
	製造並產出單位數	每單位直接製造人工小時	總小時數	每小時工資率	合　計
產品甲	6,000	4	24,000	$20	$480,000
產品乙	1,000	6	6,000	20	120,000
合　計			30,000		$600,000

5. 製造費用預算

假設 20X2 年直接人工小時預算水準為 30,000 小時，而預計總製造費用成本為$1,200,000，故預計製造費用分攤率為：每直接製造人工小時$40。

6.期末存貨預算

(1)製成品單位成本計算

20X2年度		產品甲		產品乙	
	每單位投入成本	投入	金額	投入	金額
材料 A	$7	12	$84	12	$84
材料 B	10	6	60	8	80
直接製造人工	20	4	80	6	120
製造費用	40	4	160	6	240
合　計			$384		$524

(2)期末存貨預算

20X2年度				
直接材料	公斤	每公斤成本	合　計	
材料 A	8,000	$7	$56,000	
材料 B	2,000	10	20,000	$76,000
製成品	單位	單位成本		
產品甲	1,100	$384	$422,400	
產品乙	50	524	26,200	448,600
期末存貨合計				$524,000

7.銷貨成本預算

20X2 年度		合 計
期初製成品存貨		$ 64,600
直接材料耗用	$ 1,028,000	
直接製造人工	600,000	
製造費用	1,200,000	
製成品成本		2,828,000
可供銷售成本		$ 2,892,600
期末製成品存貨		448,600
銷貨成本		$ 2,444,000

8.其他（非生產）成本預算

其他非生產成本（即營業成本），合計共$870,000。

9.預算損益表

20X2 年度	
銷貨收入	$ 3,800,000
銷貨成本	2,444,000
毛利	1,356,000
營業成本	870,000
營業利益	$486,000

第 三 節

零基預算

所謂零基預算（Zero-Based Budgeting），是一種編製營業預算與計畫的程序，此一制度要求每一管理階層編製預算要自「零」開始，對所有業務均作詳細的查核、分析、考核，以刪除無效而重複的預算方案。此外，這項預算的程

序要求管理階層將各種活動與作業,依其重要性或效益大小,排列優先順序,

俾供高級主管決策之參考。

● 一、目 的

零基預算的主要目的在於要求管理當局不得滿足現狀,必須對所有的業務

加以評估,以求及時發現效益不彰的作業,杜絕資源的浪費,並消除無效率的

計畫方案。對於各項作業的優先順序亦加以重新排列修正,供發生例外重大事

件的處理依據。

● 二、編製步驟

㈠訂定預算目標

零基預算係以未來目標之有效達成為使命,故預算目標的訂定,需有各部

門主管共同參與、協調、溝通意見,始可有效達成。

㈡確立預算單位

將整個組織劃分為若干部門,各部門為一預算單位,有其個別預算目標。

㈢建立決策方案(decision package)

每一個預算單位設立其個別決策方案,方案中需包括:

1. 預算單位的業務目標。

2. 未執行該項業務可能產生的結果。

3. 對該項業務的績效衡量。

4. 其他可行的替代方案。

5. 該項決策的成本及效益分析。

㈣評估決策方案，並排列優先順序

將所有決策方案依其重要性或利益大小，排列優先順序，並由基層開始，逐層呈送上級主管人員覈定，重新合併排列優先順序，反覆進行至最高管理當局編定最後的優先順序為止。

㈤核定資源的分配，並完成預算

由最高管理當局預測未來可支配資源的多寡，俾在可支配的水準之內，依決策方案的優先順序，核定資源的使用。

第四節

作業制預算

作業制預算（Activity-Based Budgeting）係以產品生產、銷售與服務所需之作業成本為規劃中心之一種預算編製方式，因為作業制成本會計制度比傳統成本會計制度提供了更詳細、更正確的作業資訊，亦提供了多種成本動因資訊，因此，作業預算制對間接成本之估計特別具有價值。

● 一、編製步驟

步驟一：決定每一作業活動的單位預算成本。
步驟二：根據銷售或生產目標，決定每一作業活動的耗用量。
步驟三：計算執行每一作業之預算成本。
步驟四：彙總每一作業預算成本，決定成本預算。

● 二、釋　例

以某造船公司之研究發展與產品設計的作業制預算編製為例，其中共有五種作業及其成本動因已經確認如下：

作　業	成本動因	預計成本費率
電腦輔助設計：利用電腦軟體設計船隻零件	電腦輔助設計小時	$ 48 / 小時
人工設計：人工設計船隻零件	人工小時	$ 30 / 小時
原型開發：製造船隻零件實際樣本	原型開發小時	$ 36 / 小時
測試：檢驗船隻零件的穩定度及表現	測試小時	$ 24 / 小時
採購：購買零件材料	訂購次數	$ 15 / 次數

利用作業制預算計算成本預算如下：

作　業	步驟一： 單位預算成本	步驟二： 成本動因預算用量	步驟三： 預算成本
電腦輔助設計	$ 48	120 小時	$ 5,760
人工設計	30	42 小時	1,260
原型開發	36	48 小時	1,728
測試	24	168 小時	4,032
採購	15	72 次	1,080
步驟四：預算總成本			$ 13,860

第五節

Kaizen 預算（Kaizen Budgeting）

Kaizen 代表不斷改進之意。Kaizen 預算成本法係以未來改進作為成本預算之一種預算方法，在 Kaizen 預算法下，企業必須分析目前情況，尋求及確定改善目前處理過程之方法。預算人員則估計改善方法對財務之影響，並計算執行改善方案之成本。因此，Kaizen 預算最大的特徵在於其係基於執行之改善方案而編製，強調對目前現況之改善，除非改進達成，否則預算不算完成。

Kaizen 預算有下列特點：Kaizen 預算之過程，不限於內部作業或活動的改進，其可用於改進與供應商的交易，以取得有利的交貨計畫，並降低零組件成本等；Kaizen 預算亦強調優質產品的製造，與員工一起討論獲得改進流程的建

議；Kaizen 預算透過更有效率執行活動以降低成本，而非任意消除應有的預算或活動。

Kaizen 預算亦有限制或需注意之處，如：雖然可以具體規劃降低成本之改進項目，但一般的預算期間是一年，因改進項目的時間很短，二者不易匹配；另因前幾年的成本降低可能較容易，後續之管理人員將面對較大的執行成本降低壓力。

第十一章 習 題 ─────────────

一、選擇題

( ) 1. 有關預算編製之原則，下列敘述，何者錯誤？ (A)預算之編製須使部門目標能與企業之整體目標一致 (B)必須考量企業之長期目標藉以引導短期之預算目標 (C)有賴各層級主管之參與及合作，以凝聚預算之共識 (D)即使原先存在估計偏差，為有效控制，不宜修正預算。

( ) 2. 總預算與彈性預算之主要區別，在於前者係： (A)為整個企業組織的預算，而後者僅為某部門之預算 (B)基於某一固定標準，而後者允許企業管理者配合不同的目標 (C)僅使用於預算期間之前及預算期間之中，而後者僅使用於預算期間之後 (D)僅基於某特定營運水準的預算，而後者係基於正常營運範圍內各種不同營運水準的預算。

( ) 3. 下列四個項目，何者全屬於財務預算？ ①生產預算 ②資本預算 ③現金預算 ④銷貨成本預算 (A)①③ (B)①④ (C)②③ (D)③④。

( ) 4. 有關總預算（master budget），下列敘述，何者錯誤？ (A)現金預算是財務預算的範圍 (B)資本預算不是財務預算的範圍 (C)銷售預算屬於營業預算（operating budget）的範圍 (D)財務預算（financial budget）是總預算的一部分。

( ) 5. 有關「Kaizen 預算」，下列敘述，何者錯誤？ (A)Kaizen 預算之特色是員工的建議 (B)多數 Kaizen 預算之成本降低都是「大幅跳躍式改進」 (C)Kaizen 預算是在預算期間內，持續不斷改進預算數字 (D)Kaizen 預算是以未來經改進後之成本作為計畫成本的一種預算方法。

( ) 6. 有關「零基預算」，下列敘述，何者正確？ (A)重視表現指標的建立 (B)重視多年期預算的編列 (C)根據過去經費編列的方式編列新年度的預算 (D)重新檢視過去預算的編列正當性，作為編列預算的依據。

( ) 7. 北港公司正在編製 3 月份的現金預算。北港公司每個月銷貨收入中，賒銷比

重為 50%，當月份的賒銷金額預計在當月、次月、再次月收現的比例分別為 30%、50%、20%。若北港公司 1 月份、2 月份、3 月份的銷貨收入分別為 $99,000、$135,000、$210,000，請問：北港公司 3 月份應收帳款收現金額為多少？　(A)$63,000　(B)$69,600　(C)$75,150　(D)$146,850。

(　) 8.四湖公司在開始生產產品前一個月須先購入原料，且在預計銷售前一個月開始進行生產作業。四湖公司在購買原料當月即支付價款的 75%，剩餘 25% 的價款則於次月支付。在各月預計銷貨成本中，所包含的原料成本分別如下所示：

6 月	7 月	8 月	9 月	10 月
$25,000	$30,000	$35,000	$40,000	$40,000

請問：四湖公司在 7 月份關於原料成本的現金支出預算為多少？　(A)$28,750　(B)$33,750　(C)$38,750　(D)$40,000。

(　) 9.元長公司為買賣業，目前正在編製第三季預算，該公司預計第三季銷貨額為 $1,200,000，毛利率為 35%。若 6 月 30 日之存貨為$240,000，預計 9 月 30 日之存貨為$400,000，請問：預計第三季之進貨額應為多少？　(A)$260,000　(B)$580,000　(C)$620,000　(D)$940,000。

(　) 10.中埔公司關於 20X2 年各季之預算銷售量如下表：

季	1	2	3	4
銷售量	24,000	28,000	36,000	32,000

假設無在製品存貨，若每季期末存貨均維持次季預算銷售量之 25%，年初之存貨為 3,000 單位，請問：第二季之預算生產量應為多少？　(A)26,000 單位　(B)30,000 單位　(C)33,000 單位　(D)35,000 單位。

二、計算題

1.成功公司有甲、乙兩個製造部，甲生產 A、B、C 三種產品，乙生產 M、N 兩種產品。該公司銷貨部 20X2 年度之銷貨量預算如下：

產品 A	60,000
產品 B	75,000
產品 C	100,000
產品 M	50,000
產品 N	30,000

有關存貨預算如下：

	在製品				製成品	
	期初存貨		期末存貨			
產品	數量	完工比例	數量	完工比例	期初存貨	期末存貨
A	2,500	80%	2,000	75%	10,000	6,000
B	5,000	70%	4,000	75%	12,500	7,500
C	7,500	60%	6,000	60%	15,000	10,000
M	3,750	60%	2,500	80%	6,000	5,000
N	2,250	80%	1,500	80%	4,000	3,000

試求：20X2 年度生產預算。

2. 新港公司 20X2 年度各項預算如下：

(1)銷貨及製成品存貨預算：

	預計銷貨		預計存貨	
產品	數量	單價	20X2 年初	20X2 年底
A	5,000	$30	2,500 單位	2,500 單位
B	10,000	25	5,000 單位	5,000 單位
C	15,000	20	7,500 單位	5,000 單位

(2)每單位產品耗料：

原料編號	A	B	C
201	3	—	2
202	2	1	1
203	—	2	—
204	—	3	—
205	5	—	4

(3)原料存貨預算：

原料編號	單價	預計存貨	
		20X2 年初	20X2 年底
201	$2.50	15,000 單位	14,000 單位
202	3.00	10,000 單位	12,500 單位
203	2.00	5,000 單位	7,500 單位
204	3.50	9,000 單位	9,000 單位
205	4.00	12,500 單位	12,500 單位

(4)每單位產品所需直接人工時數及工資率預算：

產品	直接人工時數	每小時工資率
A	2	$4.00
B	1	3.50
C	2	3.00

(5)製造費用分攤率按直接人工時數為基礎，每小時 $ 2。

試求：

(1)銷貨預算金額。

(2)生產預算數量。

(3)直接原料預算數量。

(4)直接原料採購的金額。

(5)直接人工預算金額。

3.民雄公司生產甲、乙兩種產品，20X1 年 10 月份蒐集下列各項資料，藉以編製 20X2
年度之預算：

20X2 年度銷貨預算

產品別	數量	單位售價
甲	15,000	$20
乙	10,000	30

20X2 年度預計存貨數量

產品	年初	年底
甲	10,000	6,250
乙	4,000	2,250

生產每單位甲、乙產品耗用原料如下：

原料	單位	甲產品	乙產品
A	1公斤	4	5
B	1公斤	2	3
C	1單位	—	1

20X2 年度原料之各項預計：

原料	預計進貨單價	20X2 年初存貨	20X2 年底存貨
A	$4.00	8,000 公斤	9,000 公斤
B	2.50	7,250 公斤	8,000 公斤
C	1.50	1,500 單位	1,750 單位

20X2 年度直接人工及工資率之預計：

產品	每單位耗用人工	每小時工資率
甲	2	$6.00
乙	3	8.00

20X2 年度之製造費用，係按每一直接人工時數 $2 分攤。

試求：請預計該公司 20X2 年度的下列各項預算：

(1)銷貨預算（金額）。

(2)生產預算（數量）。

(3)原料進貨預算（數量及金額）。

(4)直接人工成本預算。

4.朴子公司正執行現金預算規劃事宜，相關資料為：6 月初實際現金餘額為$156,000，

7 月底之預計現金餘額為$1,012,200；4 月及 5 月份實際進貨金額分別為$1,800,000

及$960,000，實際銷貨金額為$2,400,000 及$2,160,000；6 月份預計進貨金額及銷貨金額分別為$2,160,000 及$2,820,000；另每月底須支付當月銷貨額20%之銷管費用。而該公司之銷貨政策為：「銷貨當月份收到60%貨款，次月份收到25%，第三個月收到12%，剩餘部分視為呆帳」；進貨政策為：「進貨之次月支付所有款項，並取得5%進貨折扣」。

請問：如要符合上述現金規劃，該公司7月份之預計銷貨收入應為多少？

第十一章 解 答 ——

一、選擇題

1.(D)　2.(D)　3.(C)　4.(B)　5.(B)　6.(D)　7.(C)　8.(C)　9.(D)　10.(B)

二、計算題

1.

成功公司

20X2 年度

生產預算表

產品	A	B	C	M	N
銷貨量預算	60,000	75,000	100,000	50,000	30,000
加：期末製成品存貨量	6,000	7,500	10,000	5,000	3,000
	66,000	82,500	110,000	55,000	33,000
減：期初製成品存貨量	(10,000)	(12,500)	(15,000)	(6,000)	(4,000)
	56,000	70,000	95,000	49,000	29,000
加：期末在製品存貨量	1,500	3,000	3,600	2,000	1,200
	57,500	73,000	98,600	51,000	30,200
減：期初在製品存貨量	(2,000)	(3,500)	(4,500)	(2,250)	(1,800)
約當生產數量預算	55,500	69,500	94,100	48,750	28,400

2.(1)銷貨預算金額：

產品	數量	單價	金額
A	5,000	$30	$150,000
B	10,000	25	250,000
C	15,000	20	300,000
			$700,000

(2)生產數量預算：

	A	B	C
銷貨量	5,000	10,000	15,000
期末存貨量	2,500	5,000	5,000
	7,500	15,000	20,000
期初存貨量	（2,500）	（5,000）	（7,500）
生產數量預算	5,000	10,000	12,500

(3)與(4)：

	直接原料				
	201	202	203	204	205
A 產品	15,000	10,000	—	—	25,000
B 產品	—	10,000	20,000	30,000	
C 產品	25,000	12,500	—	—	50,000
生產所需原料數量	40,000	32,500	20,000	30,000	75,000
期末原料數量	14,000	12,500	7,500	9,000	12,500
	54,000	45,000	27,500	39,000	87,500
期初原料數量	（15,000）	（10,000）	（5,000）	（9,000）	（12,500）
直接原料採購預算數量	39,000	35,000	22,500	30,000	75,000
單價	$2.50	$3.00	$2.00	$3.50	$4.00
直接原料採購預算金額	$97,500	$105,000	$45,000	$105,000	$300,000

(5)直接人工預算金額：

產品	生產數量預算	每單位直接人工時數	總時數	每小時工資率	總金額
A	5,000	2	10,000	$4.00	$40,000
B	10,000	1	10,000	3.50	35,000
C	12,500	2	25,000	3.00	75,000
			45,000		$150,000

3.(1)銷貨預算：

20X2 年度銷貨預算（金額）

產品	數量	單位售價	合計
甲	15,000	$20	$300,000
乙	10,000	30	300,000
合計			$600,000

(2)生產預算：

	甲產品	乙產品
銷貨預算	15,000	10,000
加：期末存貨	6,250	2,250
	21,250	12,250
減：期初存貨	(10,000)	(4,000)
生產預算（數量）	11,250	8,250

(3)原料進貨預算（數量及金額）：

20X2 年度原料進貨預算

	A	B	C
甲產品：11,250	45,000	22,500	—
乙產品：8,250	41,250	24,750	8,250
	86,250	47,250	8,250
加：期末存料預算	9,000	8,000	1,750
	95,250	55,250	10,000
減：期初存料預算	（8,000）	（7,250）	（1,500）
原料進貨預算（數量）	87,250	48,000	8,500
每單位預計單價	$4.00	$2.50	$1.50
原料進貨預算（金額）	$349,000	$120,000	$12,750

(4)直接人工成本預算：

	預計產量	每單位時數	總時數	每小時工資率	成本
甲	11,250	2	22,500	$6	$135,000
乙	8,250	3	24,750	8	198,000
合計					$333,000

4. 6 月收現 $= \$2,820,000 \times 60\% + \$2,160,000 \times 25\% + \$2,400,000 \times 12\%$

　　　　　$= \$1,692,000 + \$540,000 + \$288,000$

　　　　　$= \$2,520,000$

　6 月付現 $= \$960,000 \times (1-5\%) + \$\$2,820,000 \times 20\%$

　　　　　$= \$912,000 + \$564,000$

　　　　　$= \$1,476,000$

6 月底現金 $= \$156,000 + \$2,520,000 - \$1,476,000 = \$1,200,000$

假設 7 月份銷貨收入 $= X$

$\$1,200,000 + (X \times 60\% + \$2,820,000 \times 25\% + \$2,160,000 \times 12\%) - \$2,160,000 \times (1-5\%) - X \times 20\% = \$1,012,200$

$\$1,200,000 + 0.6X + \$705,000 + \$259,200 - \$2,052,000 - 0.2X = \$1,012,200$

$0.4X = \$900,000$

$X = 7$ 月份銷貨收入 $= \$2,250,000$

定價策略與
目標成本制

第一節

定價策略的考慮因素

要訂定一項產品的價格，必須先瞭解會影響產品價格的因素，綜合考慮這些因素之後，才能進行定價。而且一旦價格定好了，並不表示就不再更動，如果當初考慮的因素及環境有所改變，必須要彈性地去變更價格，以在同業中保持良好的競爭力。

以下針對影響產品價格的因素做介紹，先分為內部因素及外部因素。

● 一、內部因素

內部因素主要指的是企業內部會影響產品價格的因素，包括產品本身及管理階層，可以分為下列幾點：

㈠產品特性

依照產品特性的不同——產品屬於一般日用品或是奢侈品，或是產品具有的特色不同——比相同產品多了其他功能或是品質程度，訂定價格的基礎及考慮因素自然會不同。在此就要提到一個觀念，就是「產品差異化」。所謂產品差異化，指的是產品定位。舉例來說：某衛生紙製造公司，強調其衛生紙的質感與柔軟度極佳，因此，這家廠牌的衛生紙就定了較其他廠牌高的價格。若是產品差異化很明顯，就算價格較高，也會有其消費者群。所以，訂定價格時，產品特性是一重要的考量因素。

㈡產品成本

依照產品成本的不同，價格自然會不同，由於價格一定要高於成本，故成本高，定價也要高；反之，成本低，價格就可以定得較低，這是很直觀的概念。這裡也要提出與產品差異化同等重要的觀念，即「成本領導」。所謂成本領導，是指在同業（意指要投入相同成本）中，具有將成本降至最低的能力，

使其可以訂定比同業低的價格。

(三)管理階層的預期

管理階層預期獲得利潤的多寡，也會影響產品的價格。以最基本的觀念來說，價格是建立在成本的基礎上，如果管理階層預期了較高的利潤，那麼價格便會較高。舉例來說：某企業管理階層預期某產品的利潤為製造成本的 20%，某產品的單位製造成本為$20，那麼售價將會為$24（$20+$20×20%）。

● 二、外部因素

外部因素指的是會影響產品價格的企業外部個體，包括顧客及同業競爭者。可以分為下列幾點：

(一)顧客需求

指的是市場上的需求情形對產品定價是很重要的，管理階層一定要站在顧客的立場去考量價格是否合理。如果價格定得過高，會被顧客排斥，轉而尋找其他廠牌或替代商品，這對企業營運是很大的衝擊。

(二)同業競爭者的定價策略

會去考慮定價策略，就是因為市場是競爭的，而非獨占或寡占的市場。若市場是獨占的，由於只有一家廠商存在於市場上，顧客沒有選擇，不論價格多高，都一定會購買。但是若市場是競爭的，則競爭者的定價就是很重要的資訊，因為顧客是很精明的，若是不具明顯差異化的同類產品，顧客一定會選擇價格最低的進行購買，因此在定價前，一定要蒐集市場上同類產品的價格資訊。

產品定價策略，依其不同性質可分為短期定價策略及長期定價策略，下兩節即針對兩種定價策略進行說明。

第二節

短期定價策略

所謂短期定價策略，指的是對非例行性的特殊訂單所採定價之方案對策，基本上這種訂單不常重複發生。以下舉一個釋例來說明短期定價策略要考量的因素。

範　例

　　華統為一家專門製造即溶咖啡的公司，每個月最大產量可以生產 1,000 罐即溶咖啡，目前每月的產銷量皆為 700 罐，每罐的售價為\$200，其每罐即溶咖啡的變動製造成本為 \$120，每罐固定製造成本為\$20（總固定製造成本\$14,000 / 700）。

　　今日有另一家咖啡即溶公司正在興建工廠製造即溶咖啡，而此公司希望在工廠興建的過程中也能每月銷售咖啡 200 罐，因此要求華統以及其他咖啡供應商能提出報價，而報價的上限為每罐\$150，一旦高於\$150，此供應商將不列入考慮，而華統公司估計若接受此訂單，將會增加\$4,000 的固定製造成本，在此情況下，華統應如何報價？

解　答

　　在考量是否接受此訂單時，華統首先需考慮是否有多餘的產能來接受此訂單。而依本題來看，華統目前每月尚有 300 罐的多餘產能，因此可接受此訂單。接下來便是考慮如何定價，在此我們必須只考慮攸關成本，即接受此訂單會多付出的成本。我們以下表來計算其每罐之攸關成本：

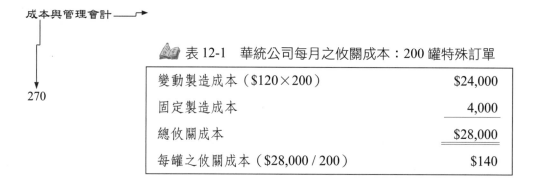

表 12-1　華統公司每月之攸關成本：200 罐特殊訂單

變動製造成本（$120×200）	$24,000
固定製造成本	4,000
總攸關成本	$28,000
每罐之攸關成本（$28,000 / 200）	$140

　　從上表，我們可以得知華統公司的最低報價為$140，只要大於此價格，華統公司便有利潤可圖，因此報價範圍在$140～$150 之間。至於真實數字為多少，則需考量其他競爭者的成本而決定。

　　在本例中必須特別注意的是，若華統公司在考量報價時以原來總製造成本$140（$120＋$20）加上增額的固定成本$20（$4,000 / 200），則報價為$160，將會超過報價上限而遭拒絕。然而，很顯然此報價是不正確的，因為原先的$20每單位固定成本是不攸關的，不論華統公司有沒有接受此特殊訂單皆會發生此成本，因此，在制定價格時不應考量，這也是一般在訂定短期價格常會發生的錯誤。

第三節

長期定價策略

　　所謂長期定價策略，指的是訂定一個在未來一段時間內較穩定的價格，愈穩定的價格愈有助於與消費者間關係的建立，讓消費者習慣產品的價格。所以，企業的管理階層都較傾向做長期定價策略。

　　實際上，沒有一定的定價方式，都是管理階層在考量許多因素後所決定的數字。一般而言，通常以成本為主要的基礎，再隨其他市場因素（如競爭者的定價）作調整。因為成本資訊較容易掌握，日常的會計紀錄都有這些資料，而且以成本為基礎，是為了避免價格訂定低於成本，導致虧損的情形發生。較常見的定價方法如下。

一、以全部成本為加成的基礎

在此法之下，主要是考慮了回收全部成本（包括製造成本及銷管費用），以及賺得預期利潤（加成百分比）的因素。公式如下：

$$單位售價＝（單位製造成本＋單位銷管費用）\times（1＋加成百分比）$$

二、以製造成本為加成的基礎

在此法之下，由於加成的基礎為製造成本，所以銷管費用的回收便要與預期利潤考慮於加成百分比中。公式如下：

$$單位售價＝單位製造成本\times（1＋加成百分比）$$

三、以變動成本為加成的基礎

在此法之下，由於加成的基礎為變動成本，所以固定成本的回收便要與預期利潤同時考慮於加成百分比中。公式如下：

$$單位售價＝單位變動成本\times（1＋加成百分比）$$

以下舉一個釋例，運用上述三種方法來訂定價格。

範 例

> 寶貝犬貓用品公司，生產犬貓專用洗潔精，每單位成本資訊如下：
>
> | | |
> |---|---:|
> | 直接材料 | $25 |
> | 直接人工 | 15 |
> | 變動製造費用 | 10 |
> | 固定製造費用 | 12 |
> | 變動銷管費用 | 8 |
> | 固定銷管費用 | 5 |
> | 合計 | $75 |

解 答

(1)以全部成本為加成基礎：

假設計算出加成百分比為 20%。

單位售價＝($25＋$15＋$10＋$12＋$8＋$5)×(1＋20%)＝$90

(2)以製造成本為加成基礎：

假設計算出加成百分比為 30%。

單位售價＝($25＋$15＋$10＋$12)×(1＋30%)＝$80.6

(3)以變動成本為加成基礎：

假設計算出加成百分比為 50%。

單位售價＝($25＋$15＋$10＋$8)×(1＋50%)＝$87

第四節

其他定價策略

　　定價的方法沒有所謂好壞，完全看管理階層重視的因素來決定價格。這裡要介紹兩種定價策略，就是管理階層為了其他目的而在價格上進行某些策略的最好例證，並非一般訂定長期穩定價格的策略。

● 一、撈油式定價策略

　　「撈油式定價策略」是指在產品初上市時，管理階層訂定很高的價格，希望能在短時間內收回成本及賺取利潤，之後再降低售價，回復正常合理的價格。最佳的例子就是曾經很流行的電子雞。在電子雞這項產品初上市時，單位定價高達好幾百元，其實製造一個電子雞成本是很低的，因此，出現了許多販賣這項產品的商店，且吸引了消費者的目光，使製造電子雞的廠商大賺了一筆，不但在短期內回收成本，同時也賺取暴利。但是後來流行風潮過後，這些廠商也消失了。至於現在電子雞的價格，大概也不到 100 元。所以，這種定價策略就是管理階層為了達到在短期回收成本的目的而產生的。

● 二、滲透式定價策略

　　另外一種定價策略為「滲透式定價策略」，這種定價策略正好與撈油式定價策略相反，在產品初上市時，訂定一個很低的價格，吸引消費者注意到這項產品，以犧牲短期利潤方式來進入市場，增加市場占有率，等到市場地位穩定之後，再逐漸調回原來合理的價位。這種定價策略，是管理階層為了拓展市場的目的而產生的。

第五節

目標成本制

先前定價方法的介紹，都是以成本為基礎，加上預期的利潤，再來決定售價。但是在市場處於非常競爭的狀態時，所有市場上的競爭者並沒有價格決定權，因此原先的定價方法可能會使廠商訂出過高的價格，而在市場上失去競爭力。目標成本制是一個解決方法，所謂目標成本制指的是，利用蒐集到的市場價格資訊，包括利用問卷調查消費者對產品的認知價格以及競爭者的定價，先訂出符合市場現況且具競爭力的目標價格，再決定預期的報酬，由目標價格減去預期利潤，就是目標成本。若實際成本與目標成本很接近，就表示企業是具競爭力的；若實際成本與目標成本有差距，就要透過一些成本分析的技術，發現問題所在。例如，是否在購買原始材料時，議價能力太差而導致直接材料過高等問題，並進行責任的歸屬與成本的控管；若實際成本過高，甚至高於目標價格，此時，企業就要進行流程改造或價值工程。

所謂價值工程是指，對企業整個價值鏈（圖 12-1）上的職能先進行評估，為了要達到在滿足顧客需求下降低成本的目標而進行改造的工程。價值工程可以改進產品的設計、使製造處理流程更有效率等。

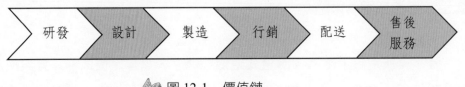

研發　設計　製造　行銷　配送　售後服務

📖 圖 12-1　價值鏈

接下來，利用表 12-2 把目標成本定價的步驟作更清楚的整理。

表 12-2 目標成本制的步驟

步　驟	詳細內容
步驟一： 選擇目標價格	透過問卷調查消費者對某商品的認知價格，以及蒐集市場上競爭者的價格，以定出目標價格。可以說是以市價為基礎的定價方式。
步驟二： 決定預期利潤	這個部分是管理階層決定的，它必須考慮企業所能承擔的成本及能接受的合理利潤，以及其他因素。
步驟三： 計算目標成本	用目標價格減去預期利潤，就得到目標成本。
步驟四： 進行成本控管或價值工程	比較實際成本與目標成本的差異，若差異不大，可能只要針對有問題的地方進行管理即可；若差異很大，表示企業的營運可能有問題或效率太差，因此就要進行價值工程，以改善企業體質。

透過瞭解企業的定價策略，不論是以成本或市價為定價的基礎，重要的是，成本的計算與記錄是否正確，以及蒐集的資訊是否有用，才能訂出合理的價格。成本會計的目的就是要提供正確可靠的成本計算，以及提供管理階層有用的資訊，使得企業的營運更有效率，決策較不易偏差。

目標成本之公式為：

$$目標成本 ＝ 售價 － 預期利潤$$

範　例

淡水食品公司在競爭激烈的市場中營運，向客戶銷售包裝食品，每包$200。如果公司的預期利潤率是售價的 40%，請問：每單位的目標成本為多少？

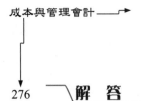
解　答

預期利潤＝$200 × 40% ＝每單位$80

目標成本＝售價 － 預期利潤

$\qquad$＝$200 － $80

$\qquad$＝每包$120

第十二章 習 題

一、選擇題

（　　）1.下列何者並非以總成本作為成本加成基礎定價之好處？　(A)能適當反映市場願意購買的價格　(B)對經營團隊而言較為簡單易懂，且定價通常較為穩定　(C)企業營運就長期而言，必須回收全部成本並賺取合理利潤　(D)較不容易成為低價傾銷的受指控對象，或可據以作為抗辯依據。

（　　）2.新產品上市時，常以低價吸引大量消費者購買，並取得較高的市場占有率，此定價策略為何？　(A)心理定價法　(B)差別定價法　(C)市場滲透定價法　(D)成本加成定價法。

（　　）3.有關「撈油式定價」（Skimming Pricing）與「滲透式定價」（Penetration Pricing），下列敘述，何者錯誤？　(A)撈油式定價以利潤極大化為目標　(B)撈油式定價普遍適用於所有市場區隔　(C)滲透式定價假設消費者對於產品價格相當敏感　(D)滲透式定價適用於進入障礙較低的產品上。

（　　）4.目標成本法有四個實施步驟，下列何者為正確之實施步驟？　①實施價值工程（value engineering）　②設定目標售價　③設定目標成本　④設定目標利潤　(A)①③④②　(B)②③①④　(C)②④③①　(D)③①④②。

（　　）5.有關「目標成本制」（Target Costing），下列敘述，何者正確？　(A)首先建立目標成本，再來才是定價　(B)目標成本一定高於短期成本　(C)目標成本制下的定價重點是減少競爭　(D)目標成本是使產品或服務達到想獲取利潤的長期成本。

（　　）6.南州公司投資$6,000,000 建製設備以生產某產品，期望利潤為$600,000。假設該產品每單位的成本為$300，該公司以目標投資報酬率作為產品定價之加成基礎，請問：該產品每單位售價為多少？　(A) $310　(B) $320　(C) $330　(D) $340。

（　　）7.林邊公司預計生產及銷售 4,000 單位之萬代模型鋼彈，並估計成本如下：變

動製造成本$1,800,000，固定製造成本$1,200,000，變動銷管成本$400,000，固定銷管成本$720,000；林邊公司擬投資$3,600,000，目標投資報酬率為18.0%。若公司採全部成本加成定價，請問：每單萬代模型鋼彈之售價為多少？ (A)$868 (B)$900 (C)$1,030 (D)$1,192。

( ) 8. 萬丹公司採用成本加成定價法，估計產銷量為 624 單位，單位變動成本$1,170，總固定成本$436,800。若目標利潤為$156,000，該公司以變動成本為基礎進行成本加成定價，請問：加成率最接近下列何項？ (A)79.20% (B)80.20% (C)81.20% (D)83.20%。

( ) 9. 新園公司投資總額為$8,400,000，投資報酬率為20%，生產與銷售 5,000 單位之產品，每單位變動成本$3,500。若以全部成本加成作為定價基礎，加成率為 8%，請問：新園公司每單位產品售價應為多少？ (A)$3,360 (B)$3,836 (C)$4,200 (D)$4,536。

( ) 10. 彰化公司每月銷貨收入$1,800,000，總製造成本$1,200,000（30%為固定成本），行銷與配送成本$600,000（40%為固定成本）。若彰化公司定價係以所有的變動成本加成，則該公司採用的成本加成百分比為何？ (A)15.0% (B)25.0% (C)50.0% (D)200.0%。

二、計算題

1. 中華大哥大電話公司計畫在近期推出一種多功能的新型電話機，其行銷部門經理將新型電話機的相關成本資料列示如下：

直接材料（每具）	$12
直接人工（每具）	10
變動製造費用（每具）	9
固定製造費用	60,000
變動銷管費用（每具）	5
固定銷管費用	35,000
使用資本總額	50,000
預期使用資本報酬率	30%
成本加成	20%
銷貨量	10,000 具

試作：以下列各種方法訂定每具電話機之售價：

(1)全部成本加成定價法。

(2)變動成本加成定價法。

(3)製造成本加成定價法。

2. 大西洋飲料公司正考慮改變荔枝汽水的售價，目前每罐售價為\$20。售價增減各有10%與25%兩種考慮，同時行銷費用也將隨之增減。下列為預期 20X1 年與 20X2 年的估計結果：

售價	估計銷售數量（罐）		估計行銷費用	
	20X1 年	20X2 年	20X1 年	20X2 年
−25%	19,000	20,000	\$20,000	\$21,000
−10%	18,000	19,000	30,000	29,000
不變	16,000	17,000	50,000	44,000
+10%	14,000	15,000	80,000	66,000
+25%	13,000	14,000	120,000	95,000

公司的產能有相當彈性足以配合這些數量水準的需求。荔枝汽水之變動製造成本在 20X1 年估計為每罐\$7.25，20X2 年估計為每罐\$7.50。

試作：建立應訂定的售價。

3. 反斗城公司想要出新產品——可愛萌兔，公司決定運用定價策略，欲搶先占有市場比例。為配合該政策，行銷經理取得下列有關新產品的相關資料，作為調價的參考：

每單位變動製造成本	\$100 / 隻
每單位變動行銷成本	\$13 / 隻
全年固定製造成本	\$1,220,000
全年固定行銷成本	\$530,000
可愛萌兔的市場需求	2,000,000 隻 / 年

試作：該公司應實施何種定價策略？該產品單位定價應為何？

4. 克利司公司專門製造美術燈出售給設計公司，行銷經理建議將公司的產品分為高級美術燈及復古美術燈兩類。利潤規劃部門負責為這兩種新產品定價，依公司政策參考現行資料作為定價的參考。利潤規劃部門蒐集的資料列示如下表：

	高級美術燈	復古美術燈
預計每年需求單位數	12,000	10,000
預計單位製造成本	$10	$13
預計單位銷管費用	$4	$5

試作：

(1)高級美術燈，採「製造成本加成定價法」訂定單位售價（加成 30%）。

(2)復古美術燈，採「全部成本加成定價法」訂定單位售價（加成 20%）。

5. 史瑞克公司專門承製顧客訂購的貨車，價格由$10,000 到$250,000 之間。過去 20 年，公司決定貨車之售價時，乃先估計材料、人工及一定比例之分攤製造費用，再加上估計成本的 20%。例如，最近一訂單的價格決定如下：

直接材料	$5,000
直接人工	8,000
製造費用	2,000
	$15,000
加價 20%	3,000
售價	$18,000

製造費用係估計全年費用總額，再按直接人工之 25% 分攤費用。若顧客不接受此售價，致業務蕭條時，公司常願意將加價降至估計成本的 5%。因此，全年平均加價約為 15%。

該公司經理目前剛完成一項訂價課程訓練，認為公司可採用課程所教的一些現代計價方法。這項課程強調按邊際貢獻來定價，而他也感覺此方法有助於決定貨車的售價。

製造費用總額（不包括當年度推銷與管理費用）估計為$150,000，其中$90,000 為固定費用，其餘與直接人工成本呈等比例變動。

試作：

(1)若上列訂單顧客只願出價$15,000 而非$18,000，試計算利潤之差異。

(2)在不增減利潤的情況下，貨車可能之最低報價。

(3)列示採用邊際貢獻來定價的優點。

(4)指出按邊際貢獻計價可能有的陷阱。

6. 福爾摩沙公司是一鐘錶製造商，該公司的定價策略向來是以產品的全部成本加成20%。今該公司有一款卡通型鬧鐘，定價$300，其每單位標準成本如下：

變動製造成本	$150
已分攤固定製造成本	25
變動銷管費用	50
已分攤固定銷管費用	?

試作：

(1)計算公司每座卡通型鬧鐘需分攤多少固定銷管費用？

(2)若卡通鬧鐘的定價不變，但成本加成基礎改為：①變動成本；②製造成本，則其成本加成的百分比應該各為多少？

7. 素還真電子公司打算投入時下熱門的電子寵物市場，以下是該公司生產部門所預估的成本資料：

年產量	單位變動成本	固定成本
30,000	$150	$1,000,000
30,001～60,000	100	1,300,000
60,001～100,000	60	1,900,000

而該公司行銷部門預估，在不做任何廣告宣傳的情況下，每隻定價$600 的電子寵物全年可出售 25,000 隻；若將每隻電子寵物的定價降至$400，則預估全年可出售50,000 隻；此外，若公司每年願額外投入$100,000 的廣告費用以及每隻$10 的推銷成本，並降低每隻電子寵物的售價為$350，則可將銷售量提升至全年 80,000 隻。行銷部門所增加的廣告及推銷成本並未包含在生產部門所預估的成本中。

試作：計算並說明應生產多少數量的電子寵物，方能為公司帶來最大利益？

（25,000 隻、50,000 隻或 80,000 隻）

第十二章　解　答

一、選擇題

1.(A)　2.(C)　3.(B)　4.(C)　5.(D)　6.(C)　7.(D)　8.(C)　9.(D)　10.(C)

二、計算題

1.中華大哥大電話公司：

(1)全部成本加成定價法：

總成本＝變動成本＋固定成本

$$＝（\$12＋\$10＋\$9＋\$5）×10,000＋（\$60,000＋\$35,000）$$

$$＝\$455,000$$

單位售價＝單位成本×（1＋加成百分比）

$$＝（\$455,000÷10,000）×（1＋20\%）$$

$$＝\$54.60$$

(2)變動成本加成定價法：

單位售價＝單位變動成本×（1＋加成百分比）

$$＝（\$12＋\$10＋\$9＋\$5）×（1＋20\%）$$

$$＝\$43.20$$

(3)製造成本加成定價法：

總製造成本＝變動製造成本＋固定製造成本

$$＝（\$12＋\$10＋\$9）×10,000＋\$60,000$$

$$＝\$370,000$$

單位售價＝單位製造成本×（1＋加成百分比）

$$＝（\$370,000÷10,000）×（1＋20\%）$$

$$＝\$44.40$$

2. 大西洋飲料公司：

建立應訂定的售價：

年度	各種售價	每罐變動製造成本	每罐邊際貢獻	銷售量	總邊際貢獻	行銷費用	對其他固定成本及利潤之貢獻
20X1 年	−25% 15	$7.25	$7.75	19,000	$147,250	$20,000	$127,250
	−10% 18	7.25	10.75	18,000	193,500	30,000	166,500
	不變 20	7.25	12.75	16,000	204,000	50,000	163,000
	+10% 22	7.25	14.75	14,000	206,500	80,000	144,500
	+25% 25	7.25	17.75	13,000	230,750	120,000	140,750
20X2 年	−25% 15	7.50	7.50	20,000	150,000	21,000	129,000
	−10% 18	7.50	10.50	19,000	199,500	29,000	170,500
	不變 20	7.50	12.50	17,000	212,500	44,000	168,500
	+10% 22	7.50	14.50	15,000	217,500	66,000	151,500
	+25% 25	7.50	17.50	14,000	245,000	95,000	150,000

不論是 20X1 年度或 20X2 年度，公司最佳的決策是降低售價 10%的方式，將可以產生最大的利潤。

3. 反斗城公司應採滲透式定價策略，因為該策略能於產品上市時，吸引消費者注意到這項產品，以犧牲短期利潤方式進入市場。採用滲透式定價策略僅需考慮所有變動成本，而不須考慮任何固定成本。

單位售價＝$100＋13

　　　＝$113

4. 克利司公司：

(1)高級美術燈，採「製造成本加成定價法」：

單位售價＝$10×（1+30%）

　　　＝$13

(2)復古美術燈，採「全部成本加成定價法」：

單位售價＝（$13+$5）×（1+20%）

　　　＝$21.60

5. 史瑞克公司：

(1)若上列訂單顧客只願出價$15,000而非$18,000，試計算利潤之差異。

由於貨車的製造成本不會隨訂單價格變動，故其利潤的差異為$3,000（$18,000－$15,000）。

(2)若該訂單為額外定單，則接受$15,000價格仍會為公司帶來$1,200的利潤

售價		$15,000
直接材料	$5,000	
直接人工	8,000	
變動製造費用	800*	
固定製造費用	—	13,800
增加的利潤		$1,200

*$2,000×[1－（$90,000÷$150,000）]

(3)採邊際貢獻定價，在於強調某一訂單所發生的成本與其收益間的關聯，同時也可以估計某一訂單對利潤的影響，並看出價格的最底限。

(4)以邊際貢獻計價的主要缺點為忽略了固定成本。雖然以短期的觀點來看，固定成本可以忽略不計，但就長期的觀點而言，企業要繼續生存，必須要能收回固定成本。

6. 福爾摩沙公司：

(1)計算公司每座卡通型鬧鐘需分攤多少固定銷管費用？

單位售價＝單位成本×（1＋20%）

$300＝$（150＋25＋50＋應分攤固定銷管費用）×（1＋20%）

應分攤固定銷管費用＝$25

(2)①變動成本加成定價法：

單位售價＝單位變動成本×（1＋加成百分比）

＝$（150＋50）×（1＋20%）

＝$240

②製造成本加成定價法：

總製造成本＝變動成本＋固定製造成本

＝$（150＋50）＋$25＝$225

定價＝225×（1＋20%）＝$270

單位售價＝單位製造成本×（1＋加成百分比）

$\qquad$ ＝$（150＋25）×（1＋20%）

$\qquad$ ＝$210

7.素還真電子公司：

產銷單位數	25,000 單位	50,000 單位	80,000 單位
銷貨收入（600；400；350）	$15,000,000	$20,000,000	$28,000,000
變動成本（150；100；70*）	3,750,000	5,000,000	5,600,000
邊際貢獻	$11,250,000	$15,000,000	$22,400,000
固定成本	1,000,000	1,300,000	2,000,000**
營業利益	$10,250,000	$13,700,000	$24,400,000

*$（60+10）

**$（1,900,000+100,000）

因此，該公司應產銷 80,000 隻的電子寵物，才能為公司創造最大的利益。

非例行性決策分析

企業在做諸多成本會計的決策中，有時會遇到與平時例行性的活動有所不同且影響深遠的重大決策，這些決策像決定是否增加某產品生產、接受降價的特殊訂單、零件的自製或外購、產品出售或繼續加工、設備的汰舊換新、場地自營或出租，以及工廠是否停工等。然而，這些決策所需的成本資訊若以一般財務會計帳務上的數字作為決策依據，將會對決策產生偏誤。因為如同本書第一章所言，財務會計使用的資料多以歷史性資料為主，較無法符合管理上的需求，但是成本與管理會計由於不受限於GAAP，所以提供的資料除了過去性外，亦包括了現在及未來性的資料，如此才能靈活地提供管理階層做不同的決策。而管理階層在做各種方案的選擇時，首先必須考慮決策成本。決策成本係屬未來的觀念，可分為攸關成本與非攸關成本。以下將介紹各種不同的決策成本及其應用。

第一節

決策成本

決策成本是評估決策的過程中，從界定問題、擬定可行方案、蒐集資料到作成決策時，依照不同的目的加以修正後，適用於特定問題所需的成本。

決策成本與會計成本不同。會計成本為歷史成本，是實際發生的各項成本；決策成本則為未來成本，表示在假定的情況下，預期將發生的成本，且在各種不同的觀念下所計算的成本，經必要的刪除、增添及代替後所決定的成本，無須與經常的帳戶相連結，亦不必根據一般的會計原則。

● 一、攸關成本與無關成本

攸關成本為隨決策之選擇而改變的成本，亦稱相關成本或有關成本。因為在各種不同的方案下，會有不同的未來成本，所以，攸關成本是隨決策的選擇而變化的預計未來成本。其主要特色有以下三點：

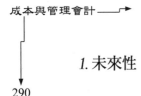

1.未來性

應為各方案未來預期之攸關成本。

2.差異性

必須就各方案不同之未來攸關資料提出比較。

3.局部性

僅指方案中影響決策有關之成本,而非將方案之所有成本作比較。

凡不受決策之選擇而改變的成本,即為無關成本,亦為非攸關成本,係指不因決策之不同而改變的過去成本。例如,不論工廠是否決定停產,其機器的折舊費用及廠房租金等成本都將一直發生,不會受到決策的影響,此即無關成本。

● 二、各項決策成本

㈠機會成本

1.意義

係指對機會價值的一種衡量,為了某一特定目的而使用有限資源,所必須放棄其他方案損失的潛在最大利益,或者將同一資源用於其他用途時所能獲得的收益。利用機會成本觀念之衡量,可以瞭解對某一特定目的之決策是否已經充分利用有限資源,而達到最佳的利潤目標。

2.舉例

企業若選擇將工廠自行使用在生產活動上,則放棄將此工廠出租給他人所收的租金,即為機會成本。

㈡可免成本與不可免成本

1.意義

所謂可免成本，係指與企業的某一部分（某一部門或某項產品）有著密切的關係，當該部分被取消時，則此項成本亦隨之消失。不可免成本則指不會隨某部分的取消而免除的間接成本，故為決策之無關成本。當某部分被取消時，不可免成本會依然存在，所以應該重新分配至其他沒有被取消的部門或產品。

2.舉例

企業在裁減部門、生產線或部門時，所免除的變動成本，如直接材料、直接人工及其他直接成本等為可免成本；其他不會隨之消除的為行政人員薪資、水電費及機器折舊等為不可免成本。

㈢應負成本

1.意義

應負成本又稱隱含成本或設算成本，是一種假定的成本，代表資源按其使用價值衡量的成本價值。此項成本不包括實際的現金支出，亦不登錄在帳簿中，係指企業應負擔而未實際發生的成本。雖然應負成本未出現於會計紀錄中，卻仍屬於攸關成本。

2.舉例

公司所有財產的租金價值或投資資本的利息。

㈣付現成本

1.意義

與應負成本不同，付現成本是指發生在必須立即支付或在將來支付的成

本。由於付現成本會使流動資產減少，所以通常被歸為變動、直接成本或部分固定成本，為影響決策的一項攸關成本。但是付現成本卻與產品總成本無關係，所以付現成本是否為攸關成本，則必須視此項成本是否會因決策的選擇而改變來加以判斷。

2.舉例

企業支付水電費、材料價款及發放員工薪資等成本。

㈤差異成本

1.意義

亦稱增額或增支成本，係指有兩種不同方案或同一方案不同水準時，將其予以比較，所得總成本之差額。差異成本與決策關係相當密切，為一項攸關成本。

2.舉例

在攸關範圍內，增加產銷所多出的變動成本，如直接材料及人工等。若超出正常產能範圍時，其所超過攸關業務範圍所增加的固定成本亦為差異成本，所以差異成本的範圍較變動成本來得大。

㈥重置成本

1.意義

重置成本係指過去所取得的資產，現在則以目前的物價水準（即現時價格）來重新購入相同資產所需支付的成本，其與歷史成本所代表實際成本的意義不同。

2.舉例

考慮物價波動，以材料的現時市價來估計產品的成本，以決定適當的定價。

㈦沉沒成本

1.意義

沉沒成本為已經發生的一項支出，在目前或未來不論採行任何方案均無法收回的歷史成本。此項成本係由於過去的決策所產生，屬於過去的一種承諾成本，且不會受到未來的任何決策而有所改變，故為一項無關成本。在做決策分析時，沉沒成本必須加以剔除，不予考量。

2.舉例

企業考慮是否添購新設備時，舊機器的成本即為沉沒成本。

第二節

非例行性決策分析應用

● 一、決定是否增加某產品的生產

範 例

小美公司的最高產能為生產 50,000 單位的產品，正常產能為 40,000 單位。每生產一單位產品的變動成本為$10，總固定成本為$100,000，一單位的銷售價格為$15。有一家客戶欲訂購 41,000 單位的產品，請問：小美公司是否應接受這項訂單？

解　答

	正常產能	差額	客戶訂單
	（40,000 單位）	（1,000 單位）	（41,000 單位）
銷貨收入	$600,000	$15,000	$615,000
變動成本	400,000	10,000	410,000
邊際貢獻	$200,000	$5,000	$205,000
總固定成本	100,000	0	100,000
淨利	$100,000	$5,000	$105,000

　　小美公司若接受這項訂單，將會比正常產能時多出$5,000的淨利，所以應該接受訂單。另外，由於客戶訂購的 41,000 單位產品並不超過小美公司的最高產能（50.000 單位），尚屬攸關範圍內，所以差異成本為售價與變動成本的差額。

● 二、決定是否接受降價的特殊訂單

範　例

　　親親公司的最高產能為生產 50,000 單位的產品，正常產能為 40,000 單位。每生產一單位產品的變動成本為$5，總固定成本為$100,000，1 單位的銷售價格為$15。有一家客戶欲訂購 80,000 單位的特殊產品，且其產品的售價僅為$8。由於客戶此特殊訂單已超過親親公司的產能負荷，所以若接下此訂單，則必須另外租一台機器加入生產行列，而此機器的租金為$200,000。請問：親親公司是否應接受這項訂單？

解　答

	80,000 單位的特殊訂單	
銷貨收入	$640,000	（80,000×$8）
變動成本	400,000	（80,000×$5）
邊際貢獻	$240,000	
增支固定成本	200,000	
淨利	$ 40,000	

　　親親公司若接受這項特殊訂單，將會多出$40,000的淨利，所以應該接受此訂單。另外，由於客戶訂購的80,000單位產品已經超過親親公司的最高產能，不屬於攸關範圍內，所以差異成本除了售價與變動成本的差額外，尚有另外租用的機器租金成本。

● 三、決定零件自製或外購

範　例

　　黑炫風公司將需要使用50,000單位的零件，若自己生產此零件，則每單位直接材料為$5，直接人工為$7，變動製造費用為$8，固定製造費用為$10，但尚需租用一台機器，租金為$200,000。但若選擇向外購買，則每件零件定價為$25。請問：黑炫風公司應自製或外購？

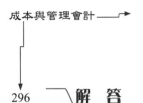
解　答

比較兩種不同方案之成本：

外購：

購價總額　　　　　　　　　　　　　$1,250,000　（50,000×$25）

自製：

直接材料　　　　$ 250,000　　　　　　　　　（50,000×$5）

直接人工　　　　　350,000　　　　　　　　　（50,000×$7）

變動製造費用　　　400,000　　　　　　　　　（50,000×$8）

增支固定成本　　　200,000

小計　　　　　　　　　　　　　　$1,200,000

差異成本　　　　　　　　　　　　　　$50,000

由於外購的成本較自製多出$50,000，所以黑炫風公司應該選擇自製零件。

● 四、決定產品應逕行出售或繼續加工

範　例

　　佳能公司生產 5,000 單位的產品，每單位成本為$10，售價為$20。若進一步將產品加工，可得 3,000 單位的高級品，其中加工成本為$8,000，售價則提高為$35。請問：佳能公司的產品應逕行出售或繼續加工？

解　答

比較兩種不同方案之利益：

馬上出售：		$100,000 （5,000×$20）
繼續加工：		
銷貨收入	$105,000	（5,000×$35）
加工成本	8,000	
利益		$ 97,000
差異利益		$3,000

　　由於佳能公司的產品在馬上出售時，可以獲得較多的利益，所以佳能公司應該選擇馬上出售。

五、決定設備是否汰舊換新

範　例

　　歐香公司有一台生產用的舊機器，原始成本為$30,000，尚可使用 5 年，殘值為零，每年折舊$3,000，目前的帳面價值為$20,000，淨變現價值為$15,000。歐香公司現在想要將機器汰舊換新，經詢問後，這台新機器的定價為$40,000，估計年限 5 年，殘值為零，每年折舊$8,000，且估計新機器可使每年製造成本節省$10,000。請問：歐香公司的設備是否可以汰舊換新？

解 答

比較使用新機器所多出的利益：

5 年節省的成本	$50,000	（5 年×$10,000）
出售舊機器的收入	15,000	
新機器的成本	（40,000）	
收入增加數	$25,000	

　　由於歐香公司使用新機器可以獲得較多的利益，所以應該選擇汰舊換新。另外，在此決策中，舊機器的原始成本、帳面價值及折舊費用已經為沉沒成本，與決策無關，所以不需加以考慮。

● 六、決定場地自營或出租

範 例

玩偶公司有兩個生產部門，其每年的營業狀況如下：

	史奴比部門	皮卡丘部門	合計
收入	$30,000	$80,000	$110,000
成本及費用	25,000	50,000	75,000
淨利	$ 5,000	$30,000	$35,000

　　現在玩偶公司認為史奴比部門的獲利能力太差，若將史奴比部門的場地出租，可得租金收入$10,000。請問：玩偶公司應該將史奴比部門的場地自營或出租？（史奴比部門的成本及費用中，有$8,000 為固定的水電費用。）

解 答

史奴比部門的成本及費用中，$8,000 之水電費為不論自行營業或出租都會發生，所以為不可免成本，所以估計出租的決策時，應該考慮此$8,000 仍存在。

茲比較兩種不同方案時，玩偶公司合計的淨利如下：

	自 營	差 額	出 租
收入	$110,000	$20,000	$90,000*
成本及費用	75,000	17,000	58,000**
淨利	$35,000	$ 3,000	$32,000

＊：皮卡丘部門收入$80,000＋租金收入$10,000＝$90,000

＊＊：皮卡丘部門成本及費用$50,000＋史奴比部門不可免成本$8,000＝$58,000

由於自營所獲得的淨利大於出租，所以玩偶公司應繼續讓史奴比部門營業。

七、決定工廠是否停工

範 例

開心果公司有一個工廠，由於其經營績效長年處於虧損狀態，所以公司欲將此工廠裁撤。其每年的營業狀況如下：

銷貨收入	$50,000	（5,000×$10/單位）
變動成本	25,000	（5,000×$5/單位）
邊際貢獻	25,000	
固定成本	30,000	
淨利	（$5,000）	

另外，此工廠的固定成本中有$10,000 是不可免成本，亦即不論停工與否，此工廠都會發生這筆費用。請問：開心果公司是否應該將此工廠停工，或有其他對策？

　　其實此工廠不一定要停工才能停止開心果公司的虧損，因為此工廠所創造出的邊際貢獻若大於可免成本，則淨利便可以為正數。

　　所以，在做此類決策時，應計算停工點的銷售數量為多少，計算方式與損益兩平點相同。

$$銷售數量＝可免固定成本／單位邊際貢獻$$
$$＝（\$30,000－\$10,000）／（\$10－\$5）$$
$$＝4,000 單位$$

　　亦即，若工廠銷售超過 4,000 單位的產品時，淨利為正，則不需停工；若銷售不到 4,000 單位時，則必須停工了。

第三節

決策樹與完整資訊的期望值

● 一、決策樹

　　日常經營中就充斥各種不確定性的問題要處哩，更何況是重大的投資決策，但資訊常常是不充分與完美，要有明確的最佳選擇並非易事。決策樹（Decision Tree）具有一些特點，常被引用以處理這些模糊情況。

　　決策樹是一種管理工具，它以流程圖的形式呈現所有決策選擇和結果，就像一棵有枝和葉的樹。其構成要素可區分以下三種：

　　1. 根節點（Root）：測試資料自根部節點進入決策樹中。

　　2. 子節點（Child node）：每個子節點代表一個分類的問題點，答案是下一個節點的前進路徑。

　　3. 葉節點（Leaf node）：不斷的重複決策直到資料無法分割則終止為葉節點。

　　決策樹中每個節點表示某個情境下的分類標準，如同「IF-THEN」的結構，

也就是在什麼條件下會得到什麼結果的方法，透過條件的情境分析，決定資料被分類到哪一節點的哪一個分支，而每個分岔路徑則代表某個可能，進一步作為後續的分類與最終決策。

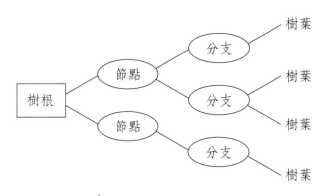

📖 圖 13-1　決策樹基本架構

假設您要開店，正試圖在開飲料店或早餐店之間做出決定，飲料店有可能賺 150 萬元，早餐店為 120 萬元；雖然開飲料店看起來比開早餐店賺得多，但是創業是否一定賺錢常是無法完全確定的。如果飲料店有 50% 的成功機會和 50% 的失敗機會，如果成功將賺到 150 萬元，但如果失敗，將損失 50 萬元的開店成本；而早餐店有 70% 的成功機率和 30% 的失敗機率，如果成功將賺 120 萬元；如果沒有，將損失 30 萬元的開店成本。

可透過使用決策樹格式和「期望值」的概念來尋找到答案。計算如下：

飲料店－期望值＝50%×成功結果＋50%×失敗結果

　　　　　　　＝0.50×150 萬元＋0.50×（50 萬元）

　　　　　　　＝50 萬元

早餐店－期望值＝70%×成功結果＋30%×失敗結果

　　　　　　　＝70%×120 萬元＋30%×（30 萬元）

　　　　　　　＝75 萬元

由於目標是選擇可能賺錢最多的店，由上面分析，開早餐店的期望值為 75 萬元，而開飲料店的期望值為 50 萬元，因此開早餐店是最佳選擇。

一般而言，決策樹法的主要步驟為：

1. 明確決策問題，確定備選方案。確定每一種情況發生後，不同替選方案

可能獲得的利潤、成本、價值或效用。

2. 繪製一個樹形圖，儘量列出各種替選方案及所有可能發生的各種情況。

3. 預測每一種情況發生的機率（以 0～1 加以表示）。

4. 計算每項可選方案的數學期望值（將不同情況預期的獲利額乘以機率後，加總即得）。

5. 選擇期望值最高的方案。

6. 如有兩個或兩個以上的方案，該等方案的期望值相當接近時，可暫不作決定，俟蒐集更多資訊、尋求更多意見，等情勢明朗後再作決定。

7. 如有需要，可以敏感性試驗針對決策分析的結論進行測試，以確定結論之真實性。

決策樹應用於複雜的多階段決策，由於階段明顯，層次清晰，便於決策單位周密地思考各種因素，有利於作出正確的決策；惟其亦有缺點與限制，如：使用的範圍有限制，無法適用於一些不能用數量表示的決策、對各種方案的出現機率有時主觀性較大，易導致決策失誤。

範 例

正旺企業的採購人員馬經理對外招請廠商，幫忙整理辦公大樓前的一片荒廢草地與整建成花園，現有兩家廠商參與投標，廠商甲的施工方法對天氣很敏感，因此如果施工期（約一週）天氣晴朗，將收費30萬元，惟天氣很差時，收費就要達到50萬元；但是廠商乙願意自己承擔天候的風險，不論施工期的天氣如何，都收費40萬。馬經理上網查看了未來一週的天氣，天氣晴朗的機率是40%，天氣很差的機率是60%。馬經理希望為企業省錢，而且可以用個別議價的方法處理，請依照決策樹回答下列問題：

(1)在目前的天氣資訊下，馬經理應該請哪家廠商施工？

(2)如果天氣狀態未定，您可否告訴馬經理，天氣晴朗的機率高於多少之上，他應該請廠商甲施工？

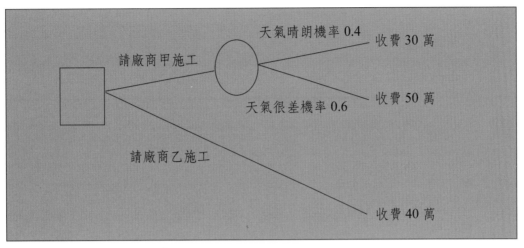

📖 圖 13-2 正旺企業委外決策

解 答

(1)甲施工：

天氣晴朗：$300,000 \times 0.4 = \$120,000$

天氣很差：$500,000 \times 0.6 = \$300,000$

甲施工期望值：$\$120,000 + \$300,000 = \$420,000$

乙施工，無論天氣狀況均收費$400,000。

故請廠商乙施工。

(2)假設天氣晴朗機率與為陰雨連綿機率各為 0.5，則：

天氣晴朗：$300,000 \times 0.5 = \$150,000$

天氣很差：$500,000 \times 0.5 = \$250,000$

甲施工期望值：$\$150,000 + \$250,000 = \$400,000$

本案建議天氣晴朗的機率高於 0.5 時，馬經理應即請廠商甲施工。

● 二、完整資訊的期望值

有的決策者願意支付較高的成本去取得額外資訊，以提高決策成功的機會，在決策理論中，「完整資訊的期望值」（Expected Value of Perfect Information,

EVPI）是人們為了獲得完整資訊而願意付出的價格。

　　「完整資訊的期望值」即運用完整資訊產生的期望值減掉無完整資訊期望值。無完整資訊期望值為先驗的最佳策略，是期望貨幣價值（Expected Monetary Value, EMV）的最大值。EMV 是一個統計概念，用於計算未來包括可能發生或可能不會發生的選項或情境的平均結果。EMV 分析通常使用決策樹來表示不同的選項或情境，EMV（方案 i）＝（第一個自然狀態的償付）×（第一個自然狀態的機率）＋（第二個自然狀態的償付）×（第二個自然狀態的機率）＋……＋（最後一個自然狀態的償付）×（最後一個自然狀態的機率）。EVPI 的公式如下：

> EVPI ＝運用完整資訊產生的期望值（購買資訊後作決策）－
> 　　　EMV 的最大值（先驗的最佳策略）

範　例

　　台南公司代銷一種防疫治療基因體試劑，因保存、準確度與法令規定等原因，如果當日無法及時使用，應即予報廢而產生損失。每份售價$500，成本$270，根據公司一年來的統計，該試劑的銷售機率如下：

每天銷售量	機率
2,000 份	20%
4,000 份	50%
6,000 份	30%

　　假設該公司擁有完整資訊，請問：「完整資訊的期望值」（EVPI）為多少？

解　答

銷售量	機率	代銷訂購量		
		2,000 份	4,000 份	6,000 份
2,000 份	0.2	$460,000	$(80,000)	$ (620,000)
4,000 份	0.5	460,000	920,000	380,000
6,000 份	0.3	460,000	920,000	1,380,000
期望貨幣價值		$460,000	$720,000	$480,000

(1)銷售每份試劑損益：$500 − $270 = $230

(2)銷售損益之計算：

　　代銷訂購量 2,000 份，而銷售量 2,000 份（或有 4,000 份，6,000 份的銷售機會）

　　時，銷售損益為：

　　$230 × 2,000 = $460,000

　　代銷訂購量 4,000 份，而銷售量 2,000 份時，銷售損益為：

　　$230 × 2,000 − $270 × 2,000 = $(80,000)

　　代銷訂購量 4,000 份，而銷售量 4,000 份（或有 6,000 份的銷售機會）時，銷售

　　損益為：

　　$230 × 4,000 = $920,000

　　代銷訂購量 6,000 份，而銷售量 2,000 份時，銷售損益為：

　　$230 × 2,000 − $270 × 4,000 = $(620,000)

　　代銷訂購量 6,000 份，而銷售量 4,000 份時，銷售損益為：

　　$230 × 4,000 − $270 × 2,000 = $380,000

　　代銷訂購量 6,000 份，而銷售量 6,000 份時，銷售損益為：

　　$230 × 6,000 = $1,380,000

(3)期望貨幣價值之計算：

　　代銷訂購量 2,000 份，

　　$460,000 × 20% + $460,000 × 50% + $460,000 × 30% = $460,000

　　代銷訂購量 4,000 份，

$(80,000) \times 20\% + \$920,000 \times 50\% + \$920,000 \times 30\% = \$720,000$（最大值）

代銷訂購量 6,000 份

$(62,000) \times 20\% + \$380,000 \times 50\% + \$1,380,000 \times 30\% = \$480,000$

(4)運用完整資訊產生的期望值之計算：

$\$460,000 \times 20\% + \$920,000 \times 50\% + \$1,380,000 \times 30\%$

$= \$92,000 + \$460,000 + \$414,000$

$= \$966,000$

(5)完整資訊的期望值（EVPI）：

$\$966,000 - \$720,000 = \$246,000$

第十三章 習題

一、選擇題

( ) 1. 一般狀況之下，有關決策制定與攸關資訊，下列敘述，何者最為正確？
(A)制定決策時，應同時考量數量性與質性因素　(B)歷史成本於制定決策時，一定具有決策攸關性　(C)沉沒成本於制定決策時，一定具有決策攸關性　(D)折舊費用無法減少所得稅於制定決策時，一定具有決策攸關性。

( ) 2. 有關「決策成本」，下列敘述，何者錯誤？　(A)機會成本用於有限資源時，對機會價值的一種衡量　(B)沉沒成本為已經投入的支出，但仍受未來決策而改變　(C)應負成本係指企業應負擔而未實際發生的成本　(D)可免成本係指企業在裁減某一部門時，所免除的變動成本。

( ) 3. 作成立即出售或加工決策，需要下列何種資訊？　(A)增額收益與增支成本　(B)增額收益與減支成本　(C)減額收益與增支成本　(D)減額收益與增額成本。

( ) 4. 卓溪公司為咖啡豆批發商，在決定是否接受特殊訂單時，應考慮下列何項資訊？　①機會成本　②變動製造成本　③固定製造成本　④特殊訂單價格
(A)僅①②　(B)僅①④　(C)僅②③　(D)僅③④。

( ) 5. 在接受特殊訂單之決策中，下列何者屬非攸關成本？　(A)接受特殊訂單所需額外投入之固定成本　(B)接受特殊訂單所需額外投入之變動成本　(C)接受特殊訂單可免除之固定成本　(D)無論接受特殊訂單與否，都無法免除之固定成本。

( ) 6. 鳳林公司產銷甲產品與乙產品，正在考慮甲產品應自製或外購。若採外購，現有甲產品生產設備可用於生產乙產品；甲產品線經理原本負責甲產品之生產與銷售，若外購則改為僅負責銷售業務，底薪與紅利支付方式不變。若鳳林公司決定外購甲產品，請問：下列何者是攸關的付現成本？　(A)甲產品線經理的底薪　(B)甲產品之外購貨款　(C)甲產品之直接原料成本　(D)甲產

品生產設備之折舊成本。

（　）6.木柵公司採用倍數餘額遞減法提列折舊，在汰舊換新的決策中，下列敘述，何者完全正確？　(A)舊機器之殘值為非攸關資訊，新機器之殘值亦為非攸關資訊　(B)舊機器之殘值為攸關資訊，新機器之殘值亦為攸關資訊　(C)舊機器之殘值為非攸關資訊，新機器之殘值則為攸關資訊　(D)舊機器之殘值為攸關資訊，新機器之殘值則為非攸關資訊。

（　）7.卑南公司正在考量是否自製或外包「臥式車床加工機」。若外包臥式車床加工機，目前的製造設備可轉售；產品經理則調任至其他部門，底薪不變。下列何者為沈沒成本？　(A)臥式車床加工機的原料成本　(B)臥式車床加工機經理的底薪　(C)臥式車床加工機製造設備的取得成本　(D)臥式車床加工機目前分攤的總部費用。

（　）8.鹿野公司欲參與一項公共工程標案，與此標案有關之已分攤固定成本為$20,000，預計變動製造成本為$40,000，以及變動銷管成本為$8,000。若鹿野公司無多餘產能可供使用，請問：鹿野公司應設定之最低投標金額為多少？　(A)$40,000　(B)$48,000　(C)$60,000　(D)$68,000。

（　）9.霧臺公司生產零組件甲，用於幾款手機中。20,000 單位的零組件生產成本如下：

直接材料	$800,000	固定製造費	$360,000
直接人工	150,000	總成本	2,000,000
變動製造費用	690,000		

如果公司從外部供應商購買零組件甲，估計分配給零組件甲的固定製造費用的 7% 將不再發生。若霧臺公司可以選擇從外部供應商購買零件，每件$94.70，請問：霧臺公司支付給外部供應商的最高價格為多少？　(A)$83.26　(B)$94.70　(C)$98.74　(D)$100.00。

（　）10.佳冬公司計畫將 ZZ 部門結束營業，這個部門的邊際貢獻為$112,000，其固定成本為$220,000。若這些固定成本，其中有$84,000 是屬於不可免除的，請問：此部門結束營業將使得佳冬公司的營業損益如何？　(A)減少$24,000　(B)增加$24,000　(C)減少$108,000　(D)增加$108,000。

二、計算題

1.春日經營一家蠟筆店，目前每年損益如下：

銷貨收入		$445,000
成本與費用		
營業成本	$350,000	
薪資	40,000	
水電	5,000	
房屋折舊	10,000	405,000
淨利		$ 40,000

現在春日想結束營業，其資料如下：

a.將原有用來開店的房屋出租，每年租金$55,000。

b.春日的房屋出租後，水電費仍由春日負擔，耗用水準與目前相同。

c.春日結束營業後，可受僱於其他公司，年薪$35,000。

d.春日蠟筆店所有員工均遣散，但需留下一位員工管理房屋，薪資$18,000。

請問，若以下列兩種不同分析方法，春日應否決定結束營業？(1)全部成本分析法，(2)差異成本分析法。另外，應該考慮的非財務因素為何？

2.瑪家公司的最高產能為生產 500,000 單位的產品，正常產能為 450,000 單位。每生產一單位產品的直接材料為每單位$5，直接人工$3，變動製造費用$1.5，固定製造費用總共$2,250,000。另外，變動銷管費用為每單位$9，總固定銷管費用為$700,000。一單位的銷售價格為$30。有一家客戶欲訂購 600,000 單位的特殊產品，且其產品的售價僅為$20。由於客戶此特殊訂單已超過瑪家公司的產能負荷，所以必須另外租一台機器，租金為$1,000,000。請問：瑪家公司應否接受這項訂單？

3.獅子公司將需要使用 10,000 單位的零件，若自己生產此零件，則每單位直接材料為$5，直接人工為$6，變動製造費用為$4，固定製造費用總共$8,000，但尚需租用一台機器，租金為$100,000。若選擇向外購買，則每件零件定價為$20，另外尚需租一個小倉庫來存放訂購品，租金為$40,000。請問：獅子公司應自製或外購？

4. 來義公司 3 年前買入一部舊設備，估計年限 13 年，成本$52,000，殘值為 0，以直線法折舊。現市面上有一種新型機器也能生產同種產品，售價$80,000，耐用年限 10 年，無殘值，每年營業成本較舊設備節省$7,000。若真要汰舊換新，則此時舊機器能賣到$20,000。公司經理貝克漢卻認為不應汰舊換新，因為會造成損失，其分析如下：

新機器每年節省成本		$70,000
新機器成本	$80,000	
處分舊機器的損失	20,000	100,000
汰舊換新的損失		$（30,000）

另外，舊機器的製造成本為每年$30,000，銷貨收入為$70,000，銷管費用為$22,000。

請問：

(1)貝克漢的分析是否正確？否則，正確的分析為何？

(2)編製汰舊換新與不汰舊換新的 10 年期損益表。

(3)用攸關成本分析汰舊換新，對公司是否有利？

5. 美而美早餐店生產三種漢堡，其全部成本法的營業資料如下：

	全部	鱈魚堡	豬肉堡	牛肉堡
銷貨收入	$210,000	$90,000	$70,000	$50,000
銷貨成本	110,000	40,000	31,000	39,000
銷貨毛利	$100,000	$50,000	$39,000	$11,000
管銷費用	50,000	20,000	16,000	14,000
營業損益	$50,000	$30,000	$23,000	$（3,000）

若改以直接成本法計算，則營業資料如下：

	全部	鱈魚堡	豬肉堡	牛肉堡
銷貨收入	$200,000	$90,000	$70,000	$50,000
變動銷貨成本	58,500	23,000	16,500	19,000
變動管銷費用	4,500	2,000	1,500	1,000
邊際貢獻	$137,000	$65,000	$52,000	$30,000
固定製造費用	$51,500	$17,000	$14,500	$20,000
固定管銷費用	13,500	5,000	5,500	3,000
共同固定成本	32,000	—	—	—
營業損益	$40,000	$43,000	$32,000	$7,000

請問：

(1)美而美早餐店應否將虧損的牛肉堡停止供應，而只供應鱈魚堡及豬肉堡呢？

(2)若停產牛肉堡會給鱈魚堡提高10%的銷貨收入，則應否停產牛肉堡？

(3)若停產牛肉堡會給鱈魚堡提高銷貨收入，則鱈魚堡的銷貨收入要達到多少才可停產牛肉堡？

312

第十三章 解 答 ————

一、選擇題

⋯⋯⋯⋯⋯⋯⋯⋯⋯⋯⋯⋯⋯⋯⋯⋯⋯⋯⋯⋯⋯⋯⋯⋯⋯⋯⋯⋯⋯⋯⋯⋯⋯⋯⋯⋯

1.(A)　*2.*(B)　*3.*(A)　*4.*(B)　*5.*(D)　*6.*(B)　*7.*(C)　*8.*(D)　*9.*(A)　*10.*(B)

二、計算題

⋯⋯⋯⋯⋯⋯⋯⋯⋯⋯⋯⋯⋯⋯⋯⋯⋯⋯⋯⋯⋯⋯⋯⋯⋯⋯⋯⋯⋯⋯⋯⋯⋯⋯⋯⋯

1.(1)全部成本分析法：

	繼續自營	結束自營
銷貨收入	$445,000	$90,000*
成本與費用		
營業成本	$350,000	
薪資	40,000	18,000
水電	5,000	5,000
房屋折舊	10,000	10,000
小結	$405,000	$33,000
淨利	$40,000	$57,000

*$90,000 ＝$55,000 ＋$35,000

由於結束自營的淨利＞繼續自營淨利，所以應結束自營。

(2)差異成本分析法：

差異收入		$355,000*
差異成本		
營業成本	$350,000	
薪資	22,000	372,000
差異利益		$（17,000）

*$355,000 ＝$445,000 －$90,000

應結束自營。

(3)應考慮的非財務因素：

春日是否決定結束自營，除了財務因素外，尚應考慮下列因素：

①自營與受僱，對個人心理滿足程度不同。

②應考慮蠟筆店的未來遠景，而不是只考慮短期利益。

2. 銷貨收入　　　　　　　　　　　（600,000×$20）　　$12,000,000

成本與費用

　直接材料　　　　$3,000,000　　（600,000×$5）

　直接人工　　　　1,800,000　　（600,000×$3）

　變動製造費用　　　900,000　　（600,000×$1.5）

　變動銷管費用　　5,400,000　　（600,000×$9）

　增支固定成本　　1,000,000　　　　　　　　　　12,100,000

淨利　　　　　　　　　　　　　　　　　　　　　$（100,000）

若瑪家公司接受這項特殊訂單，將會使淨利轉為負數，所以不應該接受此訂單。

3. 外購：

　購價總額　　　　　$200,000　　　　　　　　（100,000×$20）

　增支固定成本　　　　40,000　$240,000

　自製：

　直接材料　　　　　$ 50,000　　　　　　　（100,000×$5）

　直接人工　　　　　　60,000　　　　　　　（100,000×$6）

　變動製造費用　　　　40,000　　　　　　　（100,000×$4）

　增支固定成本　　　 100,000

　小計　　　　　　　　　　　$250,000

差異成本　　　　　　　　　　$（10,000）

由於自製的成本較外購多出$10,000，所以公司應該選擇外購零件。

4.(1)貝克漢的分析並不正確，因為除了舊機器的成本、折舊外，處分舊機器的損益也是非攸關成本，因此正確的分析如下：

新機器10年節省成本		$70,000
新機器成本	$80,000	
出售舊機器的收入	（20,000）	60,000
汰舊換新的利得		$10,000

(2) 10 年損益表：

	不汰舊換新	汰舊換新
銷貨收入	$700,000	$700,000
製造成本	（300,000）	（230,000）
銷管費用	（220,000）	（220,000）
舊汰舊換新	（40,000）	（40,000）
新汰舊換新		（80,000）
出售舊機器收入		20,000
淨利	$140,000	$150,000

(3)攸關成本分析：

10 年節省成本	$70,000
新機器成本	（80,000）
出售舊機器收入	20,000
汰舊換新利得	$10,000

5.(1)廠房停工或產品停產的決策必須視邊際貢獻而定。由於牛肉堡的邊際貢獻為正數，且若停產，則每年美而美早餐店將會減少$7,000營業損益，故不應停止銷售牛肉堡。

(2)鱈魚堡的邊際貢獻率＝$65,000 ÷ $90,000＝72%

　　因為$90,000 × 10% × 72%＝$6,480＜7,000，表示鱈魚堡增加的邊際貢獻仍小於牛肉堡，故還是不應停止銷售牛肉堡。

(3)假設鱈魚堡的銷貨收入＝x

　　$x × 72\% = \$7,000$

　　$x = 9,722$

　　表示若停產牛肉堡會給鱈魚堡提高銷貨收入，則鱈魚堡的銷貨收入要達到$9,722以上才可停產牛肉堡。

第十四章

資本支出預算

基本概念

假設今天您是公司的主管，通常需要針對企業的投資計畫作出決策，與公司長期性投資計畫相關者為資本支出（非收益支出，收益支出通常為短期性且作為當期費用）。資本支出又稱資本投資，係指分析各資本支出的方案。由於資本的支出通常金額相當龐大，例如：機器設備及廠房的增添、改良、重新安裝及遷移（此部分的會計處理在中級會計學固定資產章節提及）等，必須審慎考慮何種方案應納入資本支出預算中，以及決定資金籌措的方式。而且資本支出所要評估的效益往往超過一個會計期間以上，所以是一種長期性的投資與理財之決策，為整體預算之一環。

由於資本支出為企業營運基礎，且本身支出金額龐大、投資期間長以及風險不確定性高，公司在做決策採此方式可確保資本投資的收回，進而協調及控制各支出方案以建立投資方案的優先順序，進而追蹤考核與分析過去的決策以求得合理的利潤。在評估資本支出決策時，所必須考量的重要攸關資訊有以下幾項：

1. 原始成本，即購買金額、運費、保險及安裝費等，能使設備達到可供狀態的一切費用。

2. 營運現金流量，包括現金收入、現金支出以及所得稅支出等。

3. 設備殘值。

4. 折現率，即公司預期的投資報酬率。

5. 通貨膨脹率。

6. 其他，如購買設備所享有的投資抵減、投資初期供周轉的營運資金等。

由必須考量的攸關資訊可以看出，其實在做資本支出決策時所用的，就是財務管理方面的知識，如將未來現金流量加以折現評估等，所以在進行此章之前，讀者可以先將財管此部分先予閱讀。

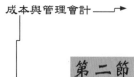

第二節

評估資本支出的方法

公司主管在進行資本支出預算所採行的通常有還本期間法、會計報酬率法、淨現值法及內部報酬率法,茲就上述方式加以介紹說明如下。

● 一、還本期間法(Payback Period Method)

還本期間法係衡量投資所產生的稅後淨現金流入能使成本回收所需要的時間。我們通常希望效益期間大於還本期間,且還本期間愈短者愈佳,因為此期間愈短,通常公司運用資金變現能力愈強。若企業資金不充裕或資金籌措困難者宜採本法,並且可由還本期間長短判定風險大小。此法優點在於計算簡單、易於瞭解。但是未考慮貨幣時間價值及還本期間後之現金流量及殘值,同時所計算出還本期間短並不代表獲利能力大。還本期間法公式列式如下:

$$收回期間 = \frac{原始投資額}{每年稅後淨現金流入}$$

範 例

聯積電公司欲投資$900,000設置一座12吋晶圓廠,此工廠前4年的稅後淨現金流入分別為$200,000、$300,000、$400,000、$200,000,請問:還本期間為幾年?

解　答

年	稅後淨現金流入	累計收回成本
1	$200,000	$200,000
2	300,000	500,000
3	400,000	900,000
4	200,000	

→ 第 3 年即收回$900,000

累計收回成本為稅後淨現金流入之累計數，我們可看出在第 3 年時，收回成本已可覆蓋所投資金額，所以還本期間為 3 年！

當然，還本期間不一定剛好是整數，假設投資成本為 $ 1,000,000，

年	稅後淨現金流入	累計收回成本
1	$200,000	$200,000
2	300,000	500,000
3	400,000	900,000
4	100,000	1,000,000
	100,000	

→ 第 4 年前半年才收回$900,000

則還本期間為：$3 + \dfrac{(\$1,000,000 - \$900,000)}{\$200,000} = 3 + 0.5 = 3.5$ 年

● 二、會計報酬率法（Accounting Rate of Return Method, ARR）

會計報酬率法亦稱會計或財務報表法、帳面價值法，係以權責基礎為依據，為平均每年稅後淨利除以投資成本來求得投資報酬率，藉由此項報酬率，我們可以作為績效衡量及獲利能力測度之依據。公司主管通常會要求會計報酬率大於本身最低要求報酬率，且會計報酬率愈高者愈佳。

會計報酬率法優點在於計算簡單易於瞭解，且考慮整個效益期間收益，我們採用此方式以便與其他方案、部門或同業比較。但是採用會計報酬率法在未

考慮貨幣時間價值下，報酬率可能不精準，並且投資計畫執行後，若後續有再投資，平均投資額將會難以計算。相關公式列式如下：

$$會計報酬率（ARR）＝\frac{平均稅後淨利}{平均投資額}$$

其中，平均投資額＝（原始投資額＋殘值）÷2。但實務上有時因為殘值太小，而直接以原始投資額÷2來作為平均投資額。

範 例

雄壯公司欲擴充生產線，所以想購置一部新機器，成本為$100,000，使用年限10年，殘值$20,000，採直線法折舊。此機器平均每年可帶來淨現金流入$30,000，若所得稅為40%，則會計報酬率為何？

解 答

每年折舊費用＝（$100,000－$20,000）÷10＝$8,000
平均稅後淨利＝（$30,000－$8,000）×（1－40%）＝$13,200
平均投資額＝（$100,000＋$20,000）÷2 ＝$60,000
ARR＝$13,200÷$60,000 ＝22%

● 三、淨現值法（Net Present Value Method, NPV）

淨現值法係將未來的現金流入量，按合理的預期投資報酬率折算為現值，再將現值減去投資成本，求得淨現值。淨現值法所算出淨現值大於零，且求得數值愈高者愈佳。採用此法優點在於考慮貨幣時間價值及整個效益期間所有現金流量（包括殘值），同時允許效益期間內採用不同的折現率。缺點在於較不易使用、折現率必須先行決定，且投資額或經濟年限不等時，本法難以比較。

相關步驟及流程圖如下所示：

　　1. 估計未來現金流入及流出金額。

　　2. 決定折現率，即投資計畫所要求的最低報酬率。

　　3. 將投資計畫效益年限內所有現金流量折現。

　　4. 計算 NPV。

　　5. 制定決策（NPV 大於等於零時，始可接受此決策）。

其流程如下圖所示：

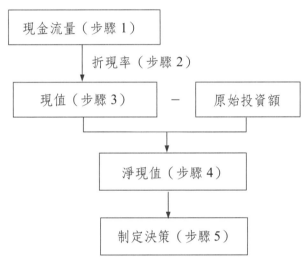

圖 14-1　計算淨現值步驟圖

採用淨現值法計算公式如下：

$$淨現值（NPV）= \sum_{i=1}^{n} \frac{CF_i}{(1+k)^i} - I_0$$

　　其中，

I_0：原始投資額

k：折現率

CF_i：第 i 期的稅後淨現金流量

$\dfrac{1}{(1+k)^i}$：第 i 期的每一元現值

將淨現值法公式調整可計算獲利能力指數（Profitability Index）：

$$獲利指數（PI）=\frac{\displaystyle\sum_{i=1}^{n}\frac{CF_i}{(1+k)^i}}{I_0}$$

範 例

　　腳丫子成衣工廠欲購置一部新機器代替繁雜的人工製衣作業。該機器定價 $400,000，可用5年，無殘值，且前5年可帶來稅後淨利分別為$100,000、$80,000、$90,000、$110,000、$60,000，若公司要求的最小投資報酬率為 20%，且採直線法折舊，則淨現值為何？

解 答

首先計算現金流入，故將稅後淨利與折舊相加。

年	稅後淨利	折 舊	淨現金流入	折現因子*	現 值
1	$100,000	$80,000	$180,000	0.8333	$149,994
2	80,000	80,000	160,000	0.6944	111,104
3	90,000	80,000	170,000	0.5787	98,379
4	110,000	80,000	190,000	0.4823	91,637
5	60,000	80,000	140,000	0.4018	56,252
					507,366

*折現因子＝$p_{n,j}$，表示第n年且i折現率的數值，折現因子查表可得。

淨現值＝$507,366－$400,000＝$107,366＞0，故可以投資。

● 四、內部報酬率法（Internal Rate of Return, IRR）

採用內部報酬率法係計算出令淨現金流入現值總額等於投資成本的折現

率，亦即 NPV＝0 的報酬率。當內部報酬率大於或等於公司最低要求報酬率時即可接受此投資方案。採用內部報酬率法優點在於其考慮貨幣時間價值及整個效益期間的所有現金流量（包括殘值），依照報酬率高低排定投資方案的優先順序，當折現率不易決定時，適用本法並且可克服比較基準不一之困擾。但是在採用內部報酬率法計算較困難且費時可能較多，早期流入現金是否可接相同報酬率再投資之假設，實乃值得懷疑。

$$\sum_{i=1}^{n} \frac{CF_i}{(1+R)^i} - I_0 = 0$$

其中，

I_0：原始投資額

R：內部報酬率

CF_i：第 i 期的稅後淨現金流量

$\frac{1}{(1+R)^i}$：第 i 期的每一元現值

範　例

　　佳佳公司計畫設置研發部門，所以欲購買一項新設備，該設備成本$1,000,000，可用 3 年，殘值為$20,000，且預估前 3 年以此設備生產出的新研發產品可帶來的稅後淨現金流入分別為$300,000、$400,000、$480,000。請問：內部報酬率為何？

解　答

假設內部報酬率＝R

$$NPV = \frac{\$300,000}{(1+R)^1} + \frac{\$400,000}{(1+R)^2} + \frac{\$480,000 + \$20,000}{(1+R)^3} - \$1,000,000 = 0$$

注意：第 3 年的稅後淨現金流入必須包括殘值。

首先，使用「試誤法」，得到：
　　R＝10%時，NPV＝$（21,037）
　　R＝8%時，NPV＝$17,629
接下來再使用「插補法」，求得 IRR：

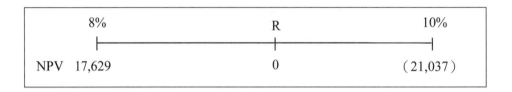

$$\frac{8\% - R}{17,629 - 0} = \frac{8\% - 10\%}{17,629 - (-21,037)}$$

經過交叉相乘後，得出 R＝8.91%

所以，當公司的預期投資報酬率設定在 8.91%以上時，這個計畫才能被接受！

第三節

淨現值法的進一步應用

上節中所介紹的淨現值法為較基本的運用，並沒有考慮到所得稅及機器的殘值，而且資本所產生的效益往往長達數年，所以有時在評估資本支出預算時，還必須考慮通貨膨脹率。所以，現在我們將資本支出的決策再加上所得稅、殘值及通貨膨脹率，以應用得更加廣泛。

範　例

　　BBW 汽車公司想購置一部新機器，此新機器可增加汽車零件的耐用度，且所需材料較為環保，製造出的汽車也較省油，所以預計會受到廣大消費者的青睞。評估資料如下：

新機器資料		公司其他資料	
購價	$250,000	通貨膨脹率	10%
運費	55,000	折現率	12%
使用年限	5 年	所得稅率	30%
殘值	5,000	折舊方法	直線法
每年現金流入	71,000		
每年維修費用	1,000		

　　請問：若以淨現值法評估此資本支出決策，則 BBW 公司應否購買此設備呢？

解　答

　　首先回顧上節中所述計算 NPV 的步驟，現在我們加上了所得稅、殘值及通貨膨脹率後，流程並無太大改變，因為其實計算淨現值的過程中，其基本流程都是一致的，如圖 14-2。

　　每年現金流入=$71,000 －$1,000=$70,000

年	A 現金流入	通貨率因子	B 調整後 現金流入	C 折舊 費用	D 應稅所得	E 所得稅	F 稅後 現金流入
1	70,000	$(1.1)^1$	77,000	8,000	69,000	20,700	56,300
2	70,000	$(1.1)^2$	84,700	8,000	76,700	23,010	61,690
3	70,000	$(1.1)^3$	93,170	8,000	85,170	25,551	67,619
4	70,000	$(1.1)^4$	102,487	8,000	94,487	28,346	74,141
5	70,000	$(1.1)^5$	112,736	8,000	104,736	31,421	81,315
殘值	5,000	$(1.1)^5$	8,053		8,053	2,416	5,637

算出稅後現金流量後,再將投資計畫效益年限內所有現金流量折現。

年	F 稅後現金流入	折現因子	G 現值
1	56,300	0.8929	50,270
2	61,690	0.7972	49,179
3	67,619	0.7118	48,131
4	74,141	0.6355	47,117
5	81,315	0.5674	46,138
殘值	5,637	0.5674	3,198
			244,033

所以,淨現值=\$244,033 － \$305,000=\$(60,967)

H　　　　I

由於此機器所帶來的 NPV＜0,所以原則上不應該投資。

但是,如果站在其他角度來看,公司仍需考慮以下幾點:

(1)新機器注重環保,可提高公司的綠色形象。

(2)新機器產品耐用,可使公司具有品質保證的長期競爭優勢。

(3)新機器的生產彈性。

(4)新機器的生產效率。

(5)購買此新機器時的融資方式,其所對公司的資本結構及財務狀況的影響。

在衡量了各種財務及非財務因素後,公司再做出該不該投資的決定,才會較為審慎!

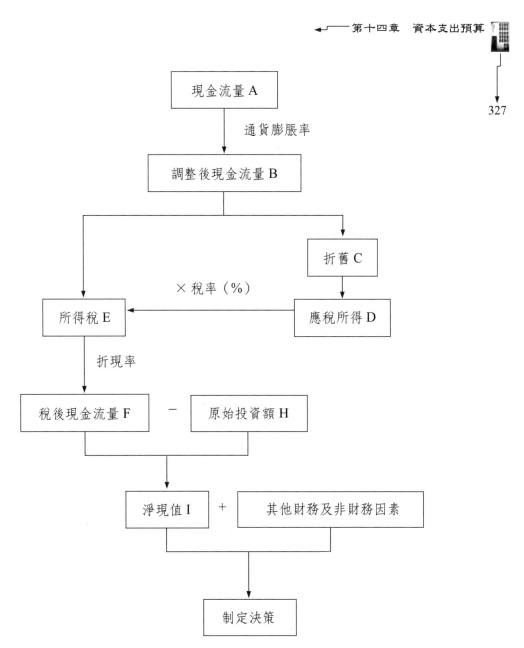

🔖 圖 14-2　淨現值法的進一步應用流程

第十四章 習 題 ——————————————

一、選擇題
————————————————————————————————————

( ) 1.資本支出決策所涉及的期間較長,當長期利率不穩定時,下列哪一項資本預算評估技術可將利率的變化納入考慮? (A)收回期間法 (B)淨現值法 (C)內部報酬率法 (D)會計報酬率法。

( ) 2.如果小琉球公司今天有一筆 10 億元的支出計畫,自明年開始產生 5,000 萬元的利益直到永遠,沒有通貨膨脹,請問:此計畫的內部報酬率是多少? (A)2.5% (B)5.0% (C)7.5% (D)15.0%。

( ) 3.如果某投資方案因每年所面臨之不確定性與風險不同,每年所要求之投資報酬率也不同,則下列何種方法最適合評估此投資方案是否可行? (A)內部報酬率法 (B)淨現值法 (C)會計報酬率法 (D)收回期限法。

( ) 4.有關「內部報酬率法」與「淨現值法」,下列敘述,何者錯誤? (A)淨現值法係以資金成本率為折現率 (B)內部報酬率法係以內部報酬率為折現率 (C)內部報酬率係指以回收之資金再投資之報酬率估 (D)內部報酬率法與淨現值法兩者皆考慮貨幣的時間價值。

( ) 5.吉安公司經營成衣製造業務,正在考慮購置一台新的全自動化設備,以汰換舊的半自動化設備。吉安公司採用內部報酬率法評估此資本投資計畫時,下列哪一項目不必考慮所得稅之影響? (A)自動化設備之營運資金 (B)每年營運淨現金流量 (C)半自動化設備之折舊 (D)半自動化設備處分損益。

( ) 6.壽豐公司的甲事業部資料如下:營業收入$1,280,000,變動費用$320,000,固定費用$600,000,加權平均資金成本12%,該公司要求的最低投資報酬率14%,公司的所得稅率 40%。若平均營運資產是$2,000,000,請問:其稅後投資報酬率是多少? (A)10.8% (B)18.0% (C)28.8% (D)48.0%。

( ) 7. Xynga 公司開發手機遊戲「蜜蜂奇兵」需投入 16,000 萬元的資金;預期獲益期間為 4 年（假設獲益之現金為年底流入）,必要報酬率為 12%。每年所

要求的最低淨現金流入需要多少，方可接受此計畫？（四捨五入取整數）
（4 年期$1 之複利現值折現因子= 0.6355、年金現值折現因子= 3.0373）
(A)4,000 萬元　(B)4,914 萬元　(C)5,268 萬元　(D)5,596 萬元。

（　　）8. 瑞穗公司正評估購買新生產設備之計畫，假設新生產設備之成本為
$860,000，預計使用年限 8 年，依直線法折舊，殘值為零。若該新生產設備
每年年底可創造$220,000 之現金流入，所得稅率為 30%，稅後必要報酬率為
12%（8 年期$1 之複利現值折現因子=0.404、年金現值折現因子=4.968），
請問：該購買新生產設備計畫之淨現值為多少？　(A)($17,088)　(B)$17,184
(C)$53,160　(D)$65,290。

（　　）9. 甲與乙兩投資方案係根據淨現值法與內部報酬率法所評估，結果如下：

	淨現值法	內部報酬率法
甲方案	$90,000	15.5%
乙方案	$135,000	12.5%

請問：下列敘述，何者正確？　(A)因為淨現值法假設再投資報酬率為該方
案之報酬率，故應採取乙方案　(B)因為淨現值法假設再投資報酬率為公司
之資金成本率，故應採取乙方案　(C)因為內部報酬率法假設再投資報酬率
為公司之資金成本率，故應採取甲方案　(D)因為內部報酬率法假設再投資
報酬率為該方案之報酬率，較淨現值法穩健，故應採取甲方案。

（　　）10. 某設備投資案投資成本$320,000，一開始尚需耗用營運資金$40,000，投資案
為期 5 年，每年年底產生現金流入$100,000，第 5 年年底的設備殘值為
$100,000，營運資金不會回收。若要求報酬率為5%，不考慮所得稅，請問：
該投資案之淨現值為多少？（5 期，5%之複利現值因子為 0.7835；5 期，5%
之複利普通年金因子為 4.3295）　(A)$119,960　(B)$151,300　(C)$198,320
(D)$211,300。

二、計算題

1. Qoo 飲料公司研發出新產品，需要購置新機器來生產。此新機器購價$1,000,000，
可用 8 年，無殘值。另外，該機器估計每年可替公司帶來$300,000 的銷貨收入，但

也產生$75,000 的現金支出。如果公司採直線法提列折舊，所得稅率為 35%，則該新機器的還本期間為多少？

2. 巨人腳踏車公司欲在汐止工業園區設置分工廠以擴充產能，預計投資成本為$11,000,000，可用 10 年，殘值為$1,000,000。估計每年可以產生銷貨收入$4,000,000、費用$2,000,000（不包括折舊）。如果公司採直線法提列折舊，所得稅率為 35%，則該工廠的會計報酬率為多少？若公司訂定的最低要求報酬率為 10%，則應否進行擴廠計畫？

3. 得來速公司正在評估下列資本投資方案：

成本	$1,200,000
還本期間	4 年
每年淨現金流入	?
使用年限	8 年
殘值	0
淨現值	?
獲利能力指數	?
最小報酬率	15%

請計算出每年淨現金流入、淨現值及獲利能力指數的數值。

4. 鴻海電子公司欲購置一$240,000 的新設備，其殘值為$30,000，估計可用 6 年。若估計公司前 6 年的稅後淨利分別為$25,000、$15,000、$30,000、$40,000、$35,000 及$10,000，若公司要求的最小投資報酬率為 10%，則依淨現值評估法，且採年數合計法折舊，公司應否投資該設備？

5. 開心果食品工廠由於產能不足，打算投資$800,000 購置新生產機器。該機器殘值$100,000，可用 5 年，且預估前 5 年以此機器生產出的產品可帶來稅後淨現金流入分別為$210,000、$200,000、$150,000、$240,000、$180,000。試問：內部報酬率為何？若公司的最低要求報酬率為 12%，則開心果公司應否接受此投資方案？

第十四章 解 答

一、選擇題

1.(B)　*2.*(B)　*3.*(B)　*4.*(C)　*5.*(A)　*6.*(A)　*7.*(C)　*8.*(D)　*9.*(B)　*10.*(B)

二、計算題

1. 每年折舊費用＝$1,000,000 ÷ 8＝$125,000

每年折舊費用＝$1,000,000 ÷ 8＝$125,000

稅前淨利＝$300,000 － $75,000 － $125,000＝$100,000

所得稅＝$100,000 × 35%＝$35,000

每年淨現金流入＝$300,000 －（$75,000＋$35,000）＝$190,000

還本期間＝$1,000,000 ÷ $190,000＝5.26 年

2. 每年折舊費用＝（$11,000,000 － $1,000,000）÷ 10＝$1,000,000

平均稅前淨利＝$4,000,000 － $2,000,000 － $1,000,000＝$1,000,000

平均稅後淨利＝$1,000,000 ×（1 － 35%）＝$650,000

平均投資額＝（$11,000,000＋$1,000,000）÷ 2＝$6,000,000

ARR＝$650,000 ÷ $6,000,000＝10.83%＞10%，所以進行擴廠計畫。

3. 每年淨現金流入＝$1,200,000 ÷ 4 年＝$300,000

淨現值＝$300,000 × $P_{8,15\%}$ － $1,200,000＝$1,346,196 － $1,200,000＝$146,196

獲利能力指數＝$1,346,196 ÷ $1,200,000＝1.12183

4. 1＋2＋3＋4＋5＋6＝21

第一年折舊費用＝$（240,000 － 30,000）× $\dfrac{6}{21}$ ＝$60,000

第二年折舊費用＝$（240,000－30,000）×$\frac{5}{21}$＝$50,000，以下類推。

年	稅後淨利	折舊	淨現金流入	折現因子	現值
1	$25,000	$60,000	$85,000	0.9091	$77,274
2	15,000	50,000	65,000	0.8264	53,716
3	30,000	40,000	70,000	0.7513	52,590
4	40,000	30,000	70,000	0.6830	47,810
5	35,000	20,000	55,000	0.6209	34,150
6	10,000	10,000	20,000	0.5645	11,290
					$276,830

淨現值＝$276,830－$240,000＝$36,830＞0，故可以投資。

5.假設內部報酬率＝R

NPV＝0 為：

$$\frac{\$210,000}{(1+R)^1}+\frac{\$200,000}{(1+R)^2}+\frac{\$150,000}{(1+R)^3}+\frac{\$240,000}{(1+R)^4}+\frac{(\$180,000+\$100,000)}{(1+R)^5}-\$800,000$$
$$=0$$

先使用「試誤法」，得到：

R＝12%時，NPV＝$（34,890）

R＝10%時，NPV＝$6,677

再使用「插補法」求得 IRR：

$$\frac{10\%-R}{6,677-0}=\frac{10\%-12\%}{6,677-(-34,890)}$$

經過交叉相乘後，得出 R＝10.32%

由於內部報酬率＝10.32%＜公司的預期投資報酬率 12%，所以這個計畫不能被接受！

第十五章

責任會計、績效衡量與轉撥計價

第一節

責任會計

● 一、分權化

　　分權化（Decentralization）係指企業將決策之權力分配給各級管理人員，即企業通過層層向下授權，讓每一部門都擁有一定的權力和責任。

　　分權通常適用於規模較大、市場變化快、產品品類多、地區分佈廣的產業，因在這些狀況下，必須及時因應該時、地、物而作出適當的反應與決策。一般而言，如品質、價格等較強調一致性，財務、預算控制較趨集中，該等較趨集權；生產、銷售職權通常有較高的分權化，較趨分權。

　　分權化的優點有：給予各級管理人員自主權，具有激勵與凝聚的作用，另賦予較大責任，藉以培育高階人才；缺點為：各部門間互相競爭，容易產生本位主義，所做決策可能與組織目標不一致，另企業資源可能重複配置，產生浪費。

● 二、責任會計

　　責任會計（Responsibility Accounting）是在分權管理條件下，在企業內部建立若干責任單位，並對它們分工負責的經濟活動進行規劃、控制、考核評價的一整套會計制度。

　　責任會計制度就企業內部各單位的性質（不同之作業功能、營業區域、產品類別、生產方法或顧客分類）與主管人員所能控制之項目，而劃分成不同的責任中心。其透過會計資料定期衡量其績效，當實際結果與預計情況有差異時，即分析查明原因，確定各負責人員應負的責任。

　　一般可分成：成本中心、收益中心、利潤中心與投資中心等，每個中心均指定適當之主管人員負責經營與承擔經營績效：

㈠成本中心（Cost Center）者，各該單位主管對收入無控制能力，而對成本有控制能力者，或各該單位無法合理地精確衡量投入、產出之關係者；其考核重點在於彈性預算範圍內對各項成本之控制，發揮最大之效能，以達到最低成本之目的。

㈡收益中心（Revenue Center）者，各該單位主管僅對收入有控制能力，但對產品生產成本無法控制，考核重點在其銷售目標之達成及銷售費用之控制。通常係在企業決定之售價下，盡力推展業務，並注意單位費用之節用。

㈢利潤中心（Profit Center）者，各該單位主管對收入及有關之成本皆有控制之能力，即對產品之生產效率、成本數字、銷售之單價與數量皆有控制能力；其考核重點為收入、成本、利潤之數字及其間之關係。

亦可根據利潤中心銷售的對象再區分為：天然利潤中心（Natural Profit Center）及人為利潤中心（Artificial Profit Center）。市場機能健全，價格由供需面決定者，則稱為天然利潤中心；而當利潤中心將其產出銷售給組織內的另一責任中心時，由於其間的價格並非由市場機能決定，則稱為人為利潤中心。兩者之責任不同，前者較偏重利潤，後者較偏重成本。

㈣投資中心（Investment Center）者，各該單位主管除具有利潤中心主管之控制能力外，對資本之投資亦具有影響力。主管努力之目標在求利潤之極大，與資金之有效利用。考核重點在所達成之投資報酬率或保留盈餘。

範 例

　　大甲公司在五個地區設有營運據點，地區經理負責行銷、廣告、銷售決策及所有在該地區發生的成本，另地區經理可以決定新分店的開設與否、新分店的地點、分店是否承租或購買設備等，而各分店經理則負責其所屬分店的行銷、廣告、銷售決策及所屬分店內所發生的成本。

　　請問：大甲公司應以何種型態的責任中心來評估其所屬地區與分店的績效？

依責任中心之類型：

(1)地區經理（管理階層）對投資（決定新分店的開設、地點、承租或購買設備與否）、收益及成本（負責行銷、廣告、銷售決策及所有在該地區發生的成本）負責，屬投資中心。

(2)分店經理（管理階層）對收益（分店的行銷、廣告、銷售決策）及成本（分店內所發生的成本）負責，屬利潤中心。

第二節

績效衡量

● 一、績效衡量之方法

企業應按各責任中心之性質，依其責任範圍，訂定各項績效之衡量標準。

績效衡量應具備概括性（inclusiveness）、普遍性（universality）、可衡量性（measurability）和一致性（consistency）。績效衡量標準之選定，可遵循下列三原則：1.部門利益不應損害公司整體之利益，2.部門績效應不受其他部門效率之影響，3.績效標準應反映部門主管所可控制之項目。

各責任中心之整體績效標準，可依其性質，採用費用預算、收益目標、利潤標準、投資報酬率或餘留收益等。費用預算應以標準成本或預算成本為訂定之依據，標準成本或預算成本與實際成本間之差異，應分析其原因，並確定責任之歸屬。

㈠成本中心

材料成本之差異分析，應劃分為二項：1.材料價格差異，2.材料用量差異。

人工之差異分析應劃分為二項：*1.*人工工資率差異，*2.*人工效率差異。

間接製造費用之差異分析，應劃分為二項或三項，必要時亦得採用四項分析法。

(二)收益中心

收益中心之差異分析，可分為：*1.*銷貨價格差異，*2.*銷貨數量差異，*3.*邊際貢獻綜合差異。

(三)利潤中心

利潤中心之績效，可用期間之實際利潤數字與預計之利潤數字加以比較。

(四)投資中心

投資中心之績效，可用投資報酬率或保留盈餘衡量。

為配合責任會計制度之推行，各企業應設立績效評核小組，負責評定各責任中心績效之訂定，並定期集會檢討各責任中心之績效，確定功過，實施獎懲。

績效衡量時，部分衡量項目與技術需加以注意，以免對整體公司績效造成不利的情形，如：績效管理未能與組織的管理策略結合；將經理不可控制之項目，列為考績範圍，可能造成經理規避風險之決策行為；部門間的費用分攤與商品或勞務移轉價格如涉及部門評估績效，分攤方法與轉撥計價的公平與妥適。

範 例

鹽水公司有長期負債$4,000,000，票面利率為8%；其次，權益資金$28,000,000，資金成本10%，所得稅稅率20.0%。鹽水公司有許多投資中心，其中WW投資中心之相關資料如下：稅前營業利益為$1,400,000，資產為$4,000,000，流動負債為$600,000。請問：WW投資中心之稅後投資報酬率為多少？

解　答

稅後投資報酬率 = [$1,400,000 × (1-20%)] ÷ $4,000,000

= 28.0%

● 二、剩餘利益與附加經濟價值

㈠剩餘利益

投資報酬率（Return on Investment, ROI）作為部門績效衡量指標，可能導致公司目標不一致（goal incongruence）情形，因部門主管會選擇對部門有利之方案，而可能拒絕對公司整體目標有利之方案，導致與公司目標不一致，產生反功能決策，故有剩餘利益（Residual Income, RI）指標的提出。

剩餘收益是從經濟學的角度出發，衡量投入資本所產生的利潤超過資本成本的剩餘情況，其目的在求剩餘利益之最大，而非投資報酬率最大。剩餘收益（RI）係指獲得的營業淨利，扣減其投資額（或淨資產占用金額）按規定（或預期）的最低收益率（亦稱最低資本回報率或停止投資率（Hurdle Rate））計算的投資收益後之餘額。

剩餘收益（RI）的公式為：

> 剩餘收益＝營業淨利－最小可接受的利潤
>
> 剩餘收益＝營業淨利－投資額（或淨資產占用額）×規定或預期的最低投資收益率

剩餘利益採用絕對金額來衡量績效，可激勵部門主管選擇有利於公司目標之方案，只要投資預期邊際效益大於其投資資金成本，不但可增加剩餘收益，亦可增加公司利潤，可以使業績評價與整體企業的目標協調一致。

(二)經濟附加價值

經濟附加價值（Economic Value Added, EVA）由 SternStewart&Co.管理諮詢和資本顧問公司開發的一種績效衡量指標，用於衡量當公司的稅後淨營業收入超過其資本成本時所創造的經濟財富。就最簡單的概念而言，經濟附加價值與剩餘所得（RI）非常相似。惟 EVA 做了一些重要的調整，總結如下：

1. 根據「稅後淨營業收入」（after-tax net operating income）而非「稅前淨營業收入」來衡量獲利能力。許多管理決策具有重大的稅收影響，因此應在稅後基礎上衡量績效。

2. 使用「資本成本」（cost of capital）作為低資本回報率或停止投資率，就概念而言，資本成本代表藉由某些債務和股權組合為公司營運所需的稅後融資成本。

3. 使用「總資本」（total capital employed）而非「平均投資資產」來衡量投資。對於外部財務報表，一般公認會計原則僅允許將某些類型的投資可以資本化或視為資產；而使用「總資本」，允許像 Apple 這類公司將其重要的投資，例如：研發、品牌資產以及訓練有素或富有創造力的勞動力（人力資本）加以資本化。

企業在進行一般性投資計畫時，所使用的資金通常來自不同的融資來源，故資金成本以加權平均資金成本（Weighted Average Cost of Capital, WACC）計。以公司整體平均的融資成本來代表公司取得資金的平均成本水準，不但可作為設定投資計畫之必要報酬率的參考，亦為與資金供應者議價的指標。

EVA如為負值，表示公司沒有產生足夠的稅後利潤來彌補其資本成本，從而降低了公司的整體經濟價值。

經濟附加價值（EVA）的公式如下：

$$EVA = 稅後營業淨利 - （總資本 \times 加權平均資金成本）$$

範　例

　　高雄公司共有甲、乙、丙三部門，各部門之要求報酬率皆為15.0%。20X1年預計的營運資訊如下：

部門	營業淨利	投資額	應付帳款
甲	$600,000	$4,000,000	$144,000
乙	1,000,000	5,000,000	44,800
丙	？？？	2,000,000	1,200

　　由於丙部門未提供足夠的資訊，管理階層遂要求會計人員蒐集該部門20X1年度的相關資訊如下：銷貨數量為31,000、銷貨收入為$1,520,000、每單位變動製造成本為$200、固定製造成本為$180,000。

　　部門之行政管理成本以及總公司分攤的行政管理成本：總公司的行政管理成本為$1,040,000，並按各部門的行政管理成本為分攤基礎，分攤總公司行政管理成本給各部門。甲、乙、丙各部門的行政管理成本分別為$60,000、$120,000、$80,000。（成本四捨五入至整數位）

　　為了擴張營運規模，公司需投資$6,000,000的成本，預期可使整體營業淨利增加$900,000。該公司以各部門營業淨利占公司淨利的比例，分攤投資成本及營業淨利予各部門。

　　請問：

(1)各部門目前的投資報酬率（ROI）為何？

(2)各部門目前的剩餘利潤（RI）為何？

(3)若該公司的所得稅稅率為20.0%，資金來源包含兩大類：長期負債（利率為5%，帳面價值為$100,000，市值為$120,000）及權益（資金成本率為10%，帳面價值為$240,000，市值為$280,000）。假設各部門加權平均資金成本相同，各部門目前的經濟附加價值（EVA）為何？（加權資金成本計算至小數點第三位）

(1)各部門目前的投資報酬率（ROI）：

　丙部門營業淨利（損）：

　= \$1,520,000−(\$200 × 31,000−\$180,000)−(\$1,040,000 × \$80,000/\$260,000)−

　　\$80,000

　= \$(5,260,000)

　甲部門投資報酬率 = \$600,000 ÷ \$4,000,000 = 15.0%

　乙部門投資報酬率 = \$1,000,000 ÷ \$5,000,000 = 20.0%

　丙部門投資報酬率 = \$(5,260,000) ÷ \$2,000,000 = (263.0%)

(2)各部門目前的剩餘利潤（RI）：

　甲部門剩餘利潤 = \$600,000−\$4,000,000 × 15% = \$0

　乙部門剩餘利潤 = \$1,000,000−\$5,000,000 × 15% = \$250,000

　丙部門剩餘利潤 = \$(5,260,000)−\$2,000,000 × 15% = \$(5,560,000)

(3)各部門目前的經濟附加價值（EVA）：

　長期負債市價：權益市價 = \$120,000：\$280,000 = 30%：70%

　加權平均成本 = 5% × 30% × (1−20%) + 10% × 70% = 8.2%

　甲部門經濟附加價值 = \$600,000 × (1−20%)−(\$4,000,000−\$144,000) × 8.2%

　　　　　　　　　　 = \$163,808

　乙部門經濟附加價值 = \$1,000,000 × (1−20%)−(\$5,000,000−\$44,800) × 8.2%

　　　　　　　　　　 = \$393,674

　丙部門經濟附加價值 = \$(5,260,000)−(\$2,000,000−\$1,200) × 8.2%

　　　　　　　　　　 = \$(5,423,902)

　（為簡化計算，假設不考慮稅負影響）

● 三、生產力衡量

　　生產力衡量（Productivity Measurement）係分析企業運用資產的效率，測度

企業否能將資產充分利用？即指實際投入（包含數量與成本）與實際產出的關係，用以衡量企業運用資產的效率。

生產力衡量指標的主要功能有：確定管理目標、促進預算合理、成本合理化與降低、允許作業流程控制、激勵成員與改進責任歸屬。

(一)部分生產力衡量（Partial Productivity Measures）

部分生產力的公式如下：

> 部分生產力＝產出數量／投入數量
>
> 原料生產力＝產出量／原料投入數量
>
> 人工生產力＝產出量／直接人工小時
>
> 能源生產力＝產出量／水電度數
>
> 資本生產力＝產出量／機器小時

部分生產力之比率愈高，表示生產力愈高。部分生產力衡量以單一的投入為衡量標準，易於計算以及瞭解；管理者及企業經營者可解導致生產力變動的理由為何？但因為部分生產力一次只取一項投入資源計算，不能提供給管理者用於評估投入代替品對總生產力的效果。

(二)全部因素生產力衡量（Total Factor Productivity）

全部因素生產力的公式如下：

> 全部因素生產力＝製造產出數量／所有投入成本

全部生產力係將所有投入因素以當期金額表達為分母，以產出量為分子，綜合考慮所有投入因素，且明確評估各投入因素之替代性，但無法判斷公司生產力的變化來自何種因素？且比較二個年度之生產力時，有價格變動因素之干擾，難以適用於長期分析。

範　例

生產力衡量相關計算：

(1)花蓮公司將直接原料加工製造成印表機使用的零組件。以下為該公司 20X1 及 20X2
　年度的營運相關資料：

	20X1 年	20X2 年
產出數量（個）	18,000	12,000
直接原料用量（磅）	12,000	6,000
直接人工小時	6,000	4,800

　請問：花蓮公司 20X1、20X2 年度之直接原料與直接人工之部分生產力為何？

(2)玉里公司生產玩具，20X1 年 1 月之營運相關資料如下：產出數量為 42,000 個，原
　料用量為 7,500 磅，成本每磅\$12，人工小時為 2,000 小時，工資每小時\$60，其他生
　產要素 3,500 單位，每單位\$20。玉里公司 20X1 年 1 月份之總生產力為何？

解　答

(1) 20X1 年度：

直接原料部分生產力 = 18,000 ÷ 12,000 = 1.5

直接人工部分生產力 = 18,000 ÷ 6,000 = 3.0

20X2 年度：

直接原料部分生產力 = 12,000 ÷ 6,000 = 2.0

直接人工部分生產力 = 12,000 ÷ 4,800 = 2.5

(2)總生產力 = 42,000 ÷ (12 × 7,500 + 60 × 2,000 + 20 × 3,500)

$\qquad\quad$ = 42,000 ÷ 280,000

$\qquad\quad$ = 0.15

第三節

公司部門間轉撥計價

企業不僅僅對外會有交易的發生，企業內部各部門之間通常也會有往來的服務或產品交易，因此，當企業組織內部發生此類的產品或勞務交易時，其價格稱之為「轉撥價格」。此轉撥價格與部門績效息息相關，尤其是當企業屬於一個非常分權化的組織時，部門績效更是對各部門影響甚鉅，因此，如何決定一個適當的轉撥價格是企業必須審慎評估的課題。

● 一、轉撥計價的方式

一般而言，決定轉撥的價格方式有三種。

㈠以成本為基礎的轉撥計價

以成本為基礎的轉撥價格即以生產產品的成本作為內部的轉撥價格，而其中對成本的定義可以是之前章節所學過的任何成本計算方法，例如：變動成本法、全部成本法、實際成本或者是預算成本等。採成本為基礎的轉撥計價方式簡單可行，但在考慮部門間的獲利情形卻不一定可行，因為在衡量時的指標—投資報酬率（淨利／投資額）以及剩餘收益（淨利－投資×必要報酬率）係以利潤中心或投資中心為導向而非成本中心，故在衡量部門績效時，有其困難之處。

㈡以市價為基礎的轉撥計價

以市價為基礎的轉撥價格即是以該類似產品或服務在市場上的價格為內部轉撥價格，或者是該公司產品或服務對外出售的價格為內部轉撥價格。在以市價為基礎的轉撥價格下，往往可使公司利潤極大化，但是在以市價為基礎的轉撥價格，必須要考量到彼此部門間的獨立情形，以及所訂轉撥價在市場上價格是否具有競爭力。

(三)協議轉撥計價

　　有時當該產品或服務在市場的價格常有劇烈波動，或者是產品的製造成本並不穩定時，若採用上述二法可能使轉撥價格波動過大，因此，有時公司會允許各部門或各子公司採協議價格的方式，協議價格隱含著買賣雙方有很大的議價空間，因此最後可以訂出一個雙方都滿意的轉撥價格。

　　為能使讀者更瞭解各種轉撥計價的運作方式，本章以下例來說明此三種方法的運用。

＼轉撥計價範例

　　牛媽媽食品公司為一生產乳製品公司，其公司主要有三個部門，每個部門皆為一個利潤中心。生產部門負責公司在牧場的乳牛飼養以及獲取牛奶等作業，運送部門則將牛奶負責送往乳製品加工廠，而加工部門則將牛奶加工為乳製加工品（本例以乳酪為代表，即假設牛媽媽公司只生產乳酪）。

　　另外，假設各部門的固定成本皆分別依據牛奶生產加侖數、運送加侖數以及乳酪生產數來分攤。以下是目前牛媽媽公司生產情況：

a.生產部門可以用每加侖 50 元的價格將牛奶賣給台灣其他乳製品加工業者。

b.運送部門向生產部門買牛奶，然後運到加工部門賣，每天運送部門可以運送
　3,000 加侖的牛奶。

c.加工部門每日的最大產能為投入 2,000 加侖牛奶，其中 1,000 加侖來自於自家
　公司生產的牛奶，而另外 1,000 加侖則是向其他牛奶業者以每加侖 70 元購入。

d.加工部門將每半加侖重的乳酪以 200 元出售。（假設每加侖牛奶可生產半加侖
　重的乳酪）

以下列示出牛媽媽公司各部門的成本：

	變動成本	固定成本	總成本	備　註
生產部門	$15	$20	$35	賣給外部$50
運送部門	$ 5	$10	$15	
加工部門	$20	$10	$30	向外部買$70 賣給外部$200

表 15-1　各部門每單位成本表

解　答

現在我們以牛媽媽公司每 500 加侖牛奶在三種不同轉撥計價方式下，看看各部門所能帶來的利益是多少。

1. 方法一：以市價為基礎之轉撥價格。

2. 方法二：以全部成本加一成為轉撥價格，全部成本係指表 15-1 之總成本加上轉入成本。

3. 方法三：協議的轉撥價格。

由上述條件，我們可以計算出在三種方法下的轉撥價格。

1. 方法一：市價基礎的轉撥價格

從生產部門到運送部門＝$50

從運送部門到加工部門＝$70

2. 方法二：全部成本加一成為轉撥價格

從生產部門到運送部門＝1.1（$15＋$20）＝$38.5

從運送部門到加工部門＝1.1（$38.5＋$5＋$10）＝$58.85

3. 方法三：部門間協議在市價與成本間之價格為轉撥價格

從生產部門到運送部門＝$43

從運送部門到加工部門＝$63.5

表 15-2 計算出各部門在不同轉撥方法下所得到的營業利益，其中，我們可

📖 表 15-2　各種轉撥方法下各部門營業利益

	方法一 市場價格	方法二 全部成本加一成	方法三 協議價格
生產部門			
收入			
$50、$38.5、$43×500	$25,000	$19,250	$21,500
減：			
部門變動成本：			
$15×500	7,500	7,500	7,500
部門固定成本：			
$20×500	10,000	10,000	10,000
部門營業利益	$ 7,500	$ 1,750	$4,000
運送部門			
收入			
$70、$58.85、$63.5×500	$35,000	$29,425	$31,750
減：			
轉入成本			
$50、$38.5、$43×500	25,000	19,250	21,500
部門變動成本：			
$5×500	2,500	2,500	2,500
部門固定成本：			
$10×500	5,000	5,000	5,000
部門營業利益	$2,500	$2,675	$2,750
加工部門			
收入			
$200×250	$50,000	$50,000	$50,000
減：			
轉入成本			
$70、$58.85、$63.5×500	35,000	29,425	31,750
部門變動成本：			
$20×250	5,000	5,000	5,000
部門固定成本：			
$10×250	2,500	2,500	2,500
部門營業利益	$7,500	$13,075	$10,750

以注意到轉出部門的售價即是轉入部門的購買成本，因此，若就整個牛媽媽食品公司而言，部門間的銷售收入將會與購入成本互相抵銷，所以不論在何種轉撥方法下，整體公司的營業利益都是 $ 17,500，不會因為轉撥方法不同而異。然而若從部門間的營業利益來看，部門營業利益將會隨著轉撥價格不同而有所不同，這也就是公司管理高層在面對轉撥價格該如何訂定時的最大難題。若公司部門績效是以部門營業利益來做標準的話，加上各部門皆為一利潤中心，部門主管有完全自主性去定價和決定購買成本，此時部門主管為使自己績效極大化，必然會以對自己部門最有利的價格為轉撥價格。以此例來看，生產部門必然以市價為轉撥價格以達自己部門利潤最大，而運送部門則會偏好以協議價格為轉撥價格，加工部門則會選擇以全部成本加一成為轉撥價格。基於每個部門在自利動機下會選擇對自己最有利的方法，因此在牛媽媽公司整體營業利益固定下，如何分配各部門利益顯得相當重要。而常常當公司決定了以某方法為轉撥價格後，部門也會改變其決策，例如，部門決定不向公司內部門購貨，改向外部供應商進貨。以下我們將探討在各種不同基礎下，最適轉撥價該如何制定。

● 三、以市價為基礎的轉撥計價

在探討以市價為基礎的轉撥計價前，必須先瞭解在討論內部轉撥計價時，目標一致性是一項非常重要的觀念。所謂目標一致性係指當一個決策制定時，必須同時對公司整體以及各部門是最佳的。若部門選擇對自己最好的策略，但此策略對公司而言卻不是最好的，則我們說此決策並未達到目標一致性。有了此觀念後，我們繼續思考在何種情況下，以市價為轉撥價格將會是最佳定價決策。

在以市價為基礎的轉撥計價下，若產品的市場為一完全競爭市場時，則市價通常會成為最適轉撥價格。所謂完全競爭市場係指市場上的產品皆為同質的。以上例而言，即生產部門所生產的牛奶和其他同業的牛奶都一樣，無所謂高品質或全脂、低脂之分別，因此，購買者在考慮是否購買時，完全是以價格為考慮因素。

現在讓我們來看看此例，現在假設台灣的牛奶市場為一完全競爭市場，牛

媽媽食品公司的總經理希望各部門之間能內銷內購，此時，如果生產部門和運送部門之間的轉撥價格訂在$50以下時，生產部門的經理一定不願意將牛奶賣給運送部門，因為其可以將牛奶以$50賣給外界需求者；相同的，若轉撥價格訂在$50以上時，運送部門的經理也不會願意去買生產部門的牛奶，因為其向外部購買只要花$50，因此市價$50對生產部門及運送部門都是最好的轉撥價格，也只有當在這個價格下，雙方才願意進行內部的交易，而此轉撥價格對公司整體而言也將會是最好的轉撥價格。

● 四、以成本為基礎的轉撥計價

實務上，許多公司會偏好以全部成本加成為轉撥價格，原因為市場不太可能為完全競爭市場，加上以全部成本加成計算方便，也可確保有一定之利潤。但有時採用全部成本加成卻會導致較差的決策出現。以本例來看，加工部門除了向運送部門購買1,000加侖的牛奶外，也向台灣其他供應商以每加侖70元購買1,000加侖。假設此時有一家牛奶公司「胡樂牛奶」願意提供每加侖50元的牛奶給牛媽媽公司的加工部門，但條件是牛媽媽公司必須自己運送，假設運送部門運送此牛奶的變動成本和原先相同，如此，對牛媽媽公司而言，有兩種方案選擇；對加工部門而言，也有兩個方案選擇。現在，我們來看看新方案對公司整體和加工部門是不是都是最佳的決策。

我們先站在牛媽媽公司整體立場來看。

‧新方案

以每加侖50元向胡樂公司購買1,000加侖，並由運送部門以每加侖運送成本$5運送至加工部門。

$$對牛媽媽公司的總成本 = 1,000 \times (\$50 + \$5) = \$55,000$$

・原方案

加工部門以每加侖 70 元向外購買 1,000 加侖的牛奶。

對牛媽媽公司的總成本＝1,000×$70＝$70,000

因此可發現，若以牛媽媽公司整體來看，向胡樂公司購買牛奶可較原本節省$15,000。因為在此我們並不考慮固定成本，不論是否向胡樂公司購買牛奶，固定成本都會發生，所以在此我們只考慮增支成本。

接下來，我們再以站在加工部門的立場來看看此方案會不會是最佳決策。首先，我們假設公司的轉撥價格仍然是以全部成本加一成轉撥，由此可以算出運送部門從胡樂公司買進牛奶後再賣給加工部門的轉撥價格：

轉撥價格＝1.1 ×（向胡樂購買價格＋運送部門變動成本＋運送部門固定成本）

$\quad\quad\quad$＝1.1 ×（$50＋$5＋$10）

$\quad\quad\quad$＝$71.5

接下來比較加工部門在新方案與原方案下的差異。

・新方案

加工部門向運輸部門購買 1,000 加侖的牛奶，此 1,000 加侖是運送部門向胡樂公司買的。

對加工部門的總成本＝$71.5 × 1,000＝$71,500

・原方案

加工部門以每加侖 70 元向外購買 1,000 加侖的牛奶。

對加工部門的總成本＝$70 × 1,000 ＝$70,000

由此可知，對加工部門而言，原方案的成本顯然較新方案少$1,500。因此站在加工部門經理的立場，加工部門並不會願意向運送部門購買此 1,000 加侖的牛奶。

為何會造成如此的差異呢？主要是因為運送部門在計算轉撥價格時，因為採用全部成本加成，所以將此二方案不攸關的固定成本也納入計算，因此造成明明向胡樂公司購買牛奶對全公司整體利益最好，但看在加工部門眼裡卻認為原方案對自己的利益最好，如此便造成先前所提過的，無法達到目標一致性。

雙軌計價範例

　　從上述可得知，要同時讓公司與部門達到目標一致性以及部門充分自主性是非常困難的，因此有些公司便想出了所謂的雙軌計價制。所謂的雙軌計價係指出售部門與購買部門所用的轉撥價格不同，例如：出售部門用的是全部成本加成，而購入部門用的是市價當作轉撥價格，這樣一來，兩者便會產生差異，而此差異則由公司吸收，並不計入個別部門的營業利益。

　　以上述向胡樂公司購買 1,000 加侖牛奶為例，其交易可歸納如下：

a.運輸部門以全部成本加一成，即每加侖$71.5 為轉出價格。

b.加工部門以市價每加侖 $ 70 為轉入價格。

c.牛媽媽公司則吸收兩者之間的差額【（$71.5 － $70）×1,000 ＝$1,500】。

　　由此可知，運送部門與加工部門可以說是各取所需，採雙軌計價的確可以使公司與部門間達到目標一致性。然而在實務上，雙軌計價制並未被廣泛使用，原因是雖然此制度可以達成目標一致性，但對上述運送部門而言，公司吸收的差額似乎是對其一種補助，長久下來會造成部門經理沒有去控制成本的誘因。此外，經理人員也會因此忽略去瞭解轉入部門（在此為加工部門）的市場。

五、協議的轉撥計價

如前所述，協議的轉撥價格是由買賣雙方討價還價所得到的價格，而協議的轉撥價格通常在當部門有閒置產能時，可以成為一個理想的轉撥方式。再以上述運送部門向胡樂公司購買牛奶為例，若運送部門有多餘的閒置產能，則產能留著不用也是浪費，因此其轉撥價格只要高於向胡樂公司購買的成本加上運送的變動成本即可，所以其轉撥價格只要高於$50＋$5 ＝$55，運送部門都可以接受；而就加工部門而言，只要轉撥價格低於市價每加侖$70 都可以接受，因此，我們可以得到一個價格區間$55～$70，只要價格落在此區間內，雙方都可以接受。而在先前，我們已經算出，對公司整體而言，向胡樂公司購買 1,000加侖的牛奶是最佳決策，因此，只要價格雙方都能接受，這方案就能達到目標一致性。至於究竟價格該訂為多少，就視雙方協議而定了。

六、轉撥計價的一般通則

由以上釋例，我們可以瞭解很少能有一個最適的轉撥價格能同時滿足目標一致性與部門自主性，但可大致歸納出一個訂定轉撥計價的法則，根據此法則，再根據我們所面臨的狀況，訂出最佳的轉撥價格。

> 最低轉撥價格＝每單位增支成本＋每單位失去的機會成本

所謂每單位增支成本，係指每增加一單位生產所需多付出的成本。在牛媽媽的例子中即為各部門的每單位變動成本；而機會成本係指牛媽媽公司內部自行轉撥牛奶所放棄可以將牛奶賣給外部的最大利潤。由此式可得知在完全競爭市場下，最低的轉撥價格一定會等於市價。因為若低於市價，其機會成本就是賣給外部所賺得的利潤，而此機會成本勢必會大於內部轉撥的利潤，此結果符合我們之前第二節所得到的結論。

另外，當公司有閒置產能時，則其對內部轉撥的機會成本為 0，意思就是

說，反正不賣給內部，外部也沒有人要買這些多於產能所生產的產品，因此，這時候只要轉撥價格大於增支成本，就可以進行轉撥，此結論也與我們在第五節所討論的相符合。

第十五章 習 題────────────────────────

一、選擇題

( ) 1. 有關「責任會計」，下列敘述，何者正確？ (A)主要針對公司的投資專案而設 (B)該制度加入連續改善與學習曲線來劃分權責 (C)這個制度是衡量一個責任中心的計畫、預算、行動與實際結果 (D)透過責任中心的權責歸屬，可以區分沉沒成本與不可控制的成本。

( ) 2. 責任會計制度對於員工行為具有重要影響，應如何執行為佳？ (A)責任會計制度的重點在於應對績效不佳的部門究責以促進組織目標的達成 (B)責任會計制度的重點在於獲取資訊使管理者作出對個別責任中心最有利的決策 (C)責任會計制度應使管理者對可控制與不可控制的成本負責以提升各責任中心的績效 (D)責任會計制度的重點在於提供資訊給管理者使其瞭解如何能夠提升整體組織的績效。

( ) 3. 分權化的公司通常會將組織劃分成多個責任中心，下列哪一種責任中心須負責的績效層面最廣？ (A)成本中心 (B)收入中心 (C)利潤中心 (D)投資中心。

( ) 4. 東莒公司實施責任會計，已知WW部門為「利潤中心」，20X1年該部門有邊際貢獻$1,080,000，扣除固定費用如下：部門經理薪資費用：$555,000，設備折舊：$180,000，公司共同費用分攤：$15,000，部門淨利為$330,000。請問：WW 部門經理可控制之利潤為多少？ (A)$330,000 (B)$345,000 (C)$525,000 (D)$1,080,000。

( ) 5. 西莒公司有兩個事業單位，彼此獨立運作，20X1年的財務績效如下：

	北區	南區
銷貨收入	$10,000,000	$12,000,000
營業淨利	2,800,000	3,400,000
投資額	22,000,000	30,000,000

該公司的必要報酬率為10%，請問：哪個部門的投資報酬率（ROI）最高？哪個部門的剩餘利益（RI）最高？　(A)南區、北區　(B)北區、南區　(C)南區、南區　(D)北區、北區。

(　　) 6. 東引公司產銷馬克杯，加權平均資金成本10%，有效稅率40%。EN事業部為一投資中心，東引公司以經濟附加價值（EVA）評估EN事業部績效，EN事業部於20X1年之總營運資產\$11,700,000，流動資產\$1,352,000，流動負債\$1,040,000。若稅後營業淨利\$1,950,000，請問：EN事業部20X1年之經濟附加價值為多少？　(A)\$(260,000)　(B)\$689,000　(C)\$884,000　(D)\$1,261,000。

(　　) 7. 有關「總生產力」（total productivity），下列敘述，何者正確？　(A)總生產力之分析，應考量不同類型之生產要素，彼此間可能存在替代效果　(B)總生產力之衡量，著重於特定產量所允許之要素投入量是否合乎預設標準　(C)總生產力之計算，其方式為求算總產出量占所有投入生產要素總量之比例　(D)總生產力之比較，必須假定攸關期間所投入之各種生產要素，其價格不變。

(　　) 8. 在下列各種內部轉撥計價方法中，何種最能客觀反映部門之經營績效？　(A)協議轉撥計價　(B)成本基礎轉撥計價　(C)市價基礎轉撥計價　(D)雙重轉撥計價。

(　　) 9. 亮島公司有兩個部門，部門PP負責產品的生產，設在營利事業所得稅率低的國家，生產完成之後，再將產品移轉至部門QQ進行銷售。考慮市場的接近性，部門QQ係設置在營利事業所得稅率高的國家。亮島公司如想節省它在全球的營利事業所得稅，則最可能採行的作法是下列何者？　(A)提高部門QQ產品的售價　(B)設定較高的轉撥價格，將產品由部門PP銷售至部門QQ　(C)設定較低的轉撥價格，將產品由部門PP銷售至部門QQ　(D)部門PP依據一般公認會計原則報導較低的稅前會計淨利。

(　　) 10. 連江公司主要生產產品為肥料，有兩個主要部門：生產部門和配送部門。生產部門的成本為：變動成本每噸\$2,000，固定成本分攤至肥料每噸\$6,000；配送部門的成本為：變動成本每噸\$800，固定成本分攤至肥料每噸\$400。配送部門目前的產能為每週6,000,000噸，其中有3,000,000噸是購自生產部門，另外有3,000,000噸是以每噸\$7,000的價格購自其他的供應商。若連江公司是以每噸肥料變動成本的180.0%作為內部的計價方法，請問：配送部

門購自生產部門的產品轉撥價格應為何？　(A)$3,600　(B)$4,500　(C)$5,000 (D)$14,400。

二、計算題

1. 中華鋼鐵公司建立焦炭及鼓風爐作業為兩個利潤中心，煉爐提煉焦炭，其中80%的焦炭供鼓風爐之用，鼓風爐所使用之焦炭，每噸按$6計入該利潤中心，此價格為當時市價減除行銷成本（包括重大之運費）。另外，每年正常產量80,000噸中，剩餘之20%焦炭之變動成本為每噸$4.5。焦炭部門一年之固定成本為$40,000。

鼓風爐部門經理具有向外採購的權力，他發現一可靠的獨立焦炭製造商，可以每噸$5之長期合約價格提供焦炭。而中華鋼鐵公司焦炭部門之經理卻聲稱，為維持有利的營運，無法接受每噸$5之報價。焦炭部門指出，若每年增加固定生產及運輸設備之支出$60,000，則該部門每年之正常產出皆得以每噸$6外售。惟將增加其他行銷費用每噸$0.50，所增加固定成本可使變動生產成本每噸減少$1.50。

試作：

(1) 假定中華鋼鐵公司外售之焦炭無法超過正常產量的20%，試為焦炭部門經理列式計算，以助其決定是否接受每噸$5之內部價格。

(2) 為最高管理當局列式計算，以助其決定是否增加投資，並將焦炭部門產品全部外售。

2. 華聯公司的甲部門生產電子馬達，其中20%出售給另一乙部門，剩餘的則出售給外部消費者，華聯公司將部門個別視為一個利潤中心，允許部門經理自行選擇其銷售對象及原料來源。公司政策規定，所有部門間之買賣均要按照相當於變動成本的轉撥價格入帳。甲部門基於全部產能100,000單位所估算出來的今年銷售收入及標準成本如下：

	乙部門	外部銷費者
銷貨收入	$900,000	$8,000,000
變動成本	(900,000)	(3,600,000)
固定成本	(300,000)	(1,200,000)
銷貨毛利	$(300,000)	3,200,000
銷售單位	20,000	80,000

今年甲部門有機會將原先允諾賣給乙部門的 20,000 個馬達出售給消費者，售價是每單位$75，而乙部門若要向外部購買，其所需價格則是每單位$85。

試作：

(1)假設甲部門欲使其銷貨毛利最大化，它該接受新的顧客並終止與乙部門間之銷售行為嗎？計算出甲部門將增加或減少的銷貨毛利來支持你的看法。

(2)假設中華公司同意部門經理以協議的方式來決定轉撥價格。兩部門經理同意增加之銷貨毛利由兩部門共享，試問真正的轉撥價格到底是多少？

3. 大同公司的 A 部門生產扇葉，其中的 1/3 出售給 B 部門，剩餘的則出售給外部消費者。A 部門估計今年的銷貨收入及標準成本如下：

	A 部門	外部消費者
銷貨收入	$15,000	$40,000
變動成本	(10,000)	(20,000)
固定成本	(3,000)	(6,000)
銷貨毛利	$2,000	$14,000
銷售單位	10,000	20,000

現今 B 部門可依每單位$1.25 的價格持續向外部購得 10,000 單位同品質的扇葉。假設除了 20,000 單位之外，A 部門無法將多生產的扇葉出售給外部消費者，固定成本也無法降低，而部門設備亦無法移作其他用途。

試作：中華公司該允許 B 部門向外部購買所需的扇葉嗎？計算該公司因而增加或減少的營業成本來支持你的看法。

4. 中鐵公司為一多角化經營公司，擁有多個個別獨立營運的部門。每一部門之績效乃按利潤總額及部門投資報酬來評估。

W 部門負責產銷空調設備。下年度預計損益表如下，係根據 15,000 單位銷售量編製：

W 部門
預計損益表
20X2 年

	每　單　位	總	額
銷貨收入	$400		$6,000,000
製造成本：			
壓縮機	$70	$1,050,000	
其他原料	37	555,000	
直接人工	30	450,000	
變動製造費用	45	675,000	
固定製造費用	32	480,000	
製造成本總額	214		3,210,000
毛利	$186		$2,790,000
營業費用：			
變動行銷費用	$18	$ 270,000	
固定行銷費用	19	285,000	
固定管理費用	38	570,000	
營業費用總額	75		1,125,000
稅前淨利	$111		$1,665,000

W 部門經理相信若單位售價降低，銷貨將可增加，於是便委託外界之市場研究機構進行調查，顯示售價若降低 5%（即$20），銷貨量將增加 16%或 2,400 單位，該部門有足夠產能以應付銷量之增加，且不增加任何固定成本。

目前 W 部門使用的壓縮機是向外界供應商以每部$70 之成本購入。W 部門經理曾與公司之壓縮機部門經理交涉有關購買壓縮機之事。目前壓縮機部門產銷之產品全部外售，其產品與 W 部門所用者類似。W 部門所用之壓縮機規格只有些微不同，可使壓縮機部門之原料成本，每單位降低$1.50。此外，壓縮機部門若將產品售予 W 部門，即不必再負擔任何變動行銷成本。W 部門經理希望由壓縮機部門供應所有的壓縮機，每部按$50 計價。

壓縮機部門具有 75,000 單位之產能。不考慮 W 部門之提議，下年度預計損益表列示如下，係根據 64,000 單位之銷貨量編製：

壓縮機部門
預計損益表
20X2 年

	每 單 位	總	額
銷貨收入	$100		$6,400,000
製造成本：			
原料	$12	$768,000	
直接人工	8	512,000	
變動製造費用	10	640,000	
固定製造費用	11	704,000	
製造成本總額	41		2,624,000
毛利	$59		$3,776,000
營業費用：			
變動行銷費用	$6	$384,000	
固定行銷費用	4	256,000	
固定管理費用	7	448,000	
營業費用總額	17		1,088,000
稅前淨利	$42		$2,688,000

試作：

(1)從壓縮機部門之觀點來看，若其以每單位$50 之價格提供 17,400 單位產品給 W 部門，試計算對該部門之預計影響。

(2)若壓縮機部門以每單位$50 價格提供 17,400 單位，對中鐵公司是否最有利？

5.中華公司包括三個分權的部門：B 部門、C 部門與 D 部門。中華公司總裁權三個部門經理決定其產品是否在公司外部銷售，或在部門之間按部門經理決定的轉撥價格出售。市場上的狀況則是不論銷售行為係公司內部或外部均不影響市場或轉撥價格。三部門均有中間市場以供應製造用原料以及產品之出售。每位部門經理均企圖在目前現有的營運資產水準下，使邊際貢獻極大化。C部門經理正考慮下列兩筆訂單：

a.D 部門需要 3,000 個馬達，而這些是 C 部門可以供應的產品。為了生產這些馬

達，C 部門必須以每單位$600 的價格向 B 部門購買零件，B 部門這些產品的變動成本為每單位$300。C 部門對這些零件再加工的變動成本為每單位$500。如果 D 部門無法向 C 部門取得這些馬達，就會向 L 公司以每單位$1,500 的價格購得，而 L 公司係向 B 部門以每個$400 的價格購買這些馬達，此時，B 部門變動成本為每個單位$200。

b. W 公司想以每單位$1,250 的價格向 C 部門購買 3,500 個類似的馬達；C 部門向 B 部門取得零件的轉撥價格為每單位$500；B 部門這些零件的變動成本為每單位$250；C 部門再加工的變動成本為每單位$400。

C 部門的產能是有限的，它可以選擇接受 D 部門訂單或 W 公司的訂單，但不能兩者都接受。中華公司總裁與 C 部門經理均同意不論在長期或短期的觀點而言，均不宜提高產能。

試作：

(1)假設 C 部門經理希望將短期的邊際貢獻極大化，C 部門經理究應接受 D 部門的訂單，抑或接受 W 公司的合約，請以適當的計算過程支持你的論點。

(2)不論第(1)題之答案為何，假設 C 部門決定接受 W 公司的合約，試論這項決定是否為中華公司之最佳利益，請以適當之計算支持你的論點。

第十五章　解　答

一、選擇題

1.(C)　2.(D)　3.(D)　4.(D)　5.(D)　6.(C)　7.(A)　8.(C)　9.(B)　10.(A)

二、計算題

1.中華鋼鐵公司：

　(1)由於外售之焦炭不超過正常產量的 20%，故 64,000 噸的焦煤並無其他市場，因此，焦炭部門經理堅持不接受每噸$5 之報價，則鼓風爐部門不得不轉而向外購買，如此必造成焦炭部門損失剩餘產能，且損失利潤 32,000[64,000×$（5－4.5）]。

　(2)

收入增加（減少）	$（6－5）× 80,000 × 80%	$64,000
製造費用減少（增加）	$（1.5－0.5）× 80,000	80,000
投資設備		(60,000)
投資淨利得（損失）		$84,000

　　公司應增加該投資，此舉將使公司增加$84,000 利得。

2.華聯公司：

　(1)$90,000 ÷ 20,000 = $45

　　$45 < $75

　　因此，甲部門為使銷貨毛利最大化，會接受新的顧客，並終止與乙部門之銷售行為。

　(2)總利潤 = $85 × 20,000 － $900,000 = $800,000

　　因此，兩部門各享$400,000 利潤

　　故單位轉撥價格 = $（900,000 + 400,000）÷ 20,000 = $65

3.大同公司若允許 B 部門外購：

A 部門收入增加（減少）	$（15,000 − 10,000）	$（5,000）
B 部門外購成本減少（增加）	$（1.5 − 1.25）× 10,000	2,500
外購淨利得（損失）		$（2,500）

因此，大同公司不應同意 B 部門外購。

4.中鐵公司：

(1)利用剩餘產能 11,000（= 75,000 − 64,000）生產可增加淨利

　　$（50 − 10.5 − 8 − 10）× 11,000 = $236,500

　　減少對外銷售 6,400（= 17,400 − 11,000）將減少淨利

　　$（100 − 50 − 1.5 − 6）× 6,400 = $272,000

　　因此，淨利會淨減少 $35,500，故壓縮機部門理應不執行該策略。

(2) W 部門向壓縮機部門購買原料將減少支出 $（70 − 50）× 17,400 = $384,000，因此，整體而言，中鐵公司將增加淨利 $348,500（= 384,000 − 35,500）。

5.中華公司：

(1)若接受 D 部門訂單，則淨利將增加 $（1,500 − 1,100*）× 3,000 = $1,200,000

　　若接受 W 公司合約，則淨利將增加 $（1,250 − 900**）× 3,500 = $1,225,000

　　因此，C 部門應接受 W 公司合約。

　　*$（600+500）

　　**$（500+400）

(2)若接受 D 部門訂單：

　　公司成本減少 = $（1,500 − 200）× 3,000 = $3,900,000

　　若接受 W 公司合約：

　　公司淨利增加 = $（1,250 − 650）× 3,500 = $2,100,000

　　因為 $3,900,000 > $2,100,000，故，接受 D 部門訂單為公司之最佳利益。

國家圖書館出版品預行編目資料

成本與管理會計／馬嘉應、馬裕豐著. -- 四版. --
- 臺北市：五南圖書出版股份有限公司,
2023,05
　面；　公分

I S B N: 978-626-343-857-6（平裝）

1.CST: 成本會計　2.CST: 管理會計

495.71　　　　　　　　　　112002194

1G68

成本與管理會計（第四版）

作　　者 — 馬嘉應(186.2)、馬裕豐

責任編輯 — 唐　筠

文字校對 — 許宸瑞

封面設計 — 姚孝慈

發 行 人 — 楊榮川

總 經 理 — 楊士清

總 編 輯 — 楊秀麗

副總編輯 — 張毓芬

出 版 者 — 五南圖書出版股份有限公司

地　　址：106 台北市大安區和平東路二段 339 號 4 樓

電　　話：(02)2705-5066　傳　　真：(02)2706-6100

網　　址：https://www.wunan.com.tw

電子郵件：wunan@wunan.com.tw

劃撥帳號：01068953

戶　　名：五南圖書出版股份有限公司

法律顧問　林勝安律師

出版日期　2003 年 4 月初版一刷
　　　　　2010 年 3 月二版二刷
　　　　　2021 年 12 月三版五刷
　　　　　2023 年 5 月四版一刷

定　　價　新臺幣 500 元

經典永恆・名著常在

五十週年的獻禮──經典名著文庫

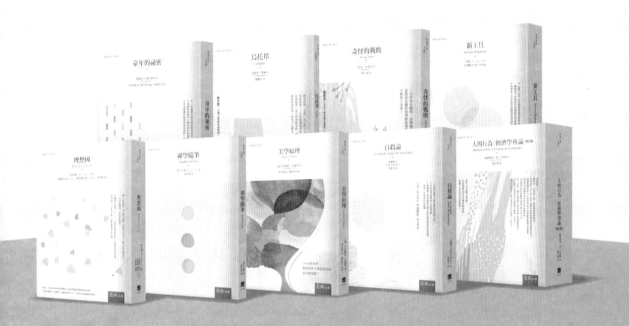

五南，五十年了，半個世紀，人生旅程的一大半，走過來了。

思索著，邁向百年的未來歷程，能為知識界、文化學術界作些什麼？

在速食文化的生態下，有什麼值得讓人雋永品味的？

歷代經典・當今名著，經過時間的洗禮，千錘百鍊，流傳至今，光芒耀人；

不僅使我們能領悟前人的智慧，同時也增深加廣我們思考的深度與視野。

我們決心投入巨資，有計畫的系統梳選，成立「經典名著文庫」，

希望收入古今中外思想性的、充滿睿智與獨見的經典、名著。

這是一項理想性的、永續性的巨大出版工程。

不在意讀者的眾寡，只考慮它的學術價值，力求完整展現先哲思想的軌跡；

為知識界開啟一片智慧之窗，營造一座百花綻放的世界文明公園，

任君遨遊、取菁吸蜜、嘉惠學子！